U0160542

北京小微公共空间治理
实施导则

北京建筑大学◎编著

中国建筑工业出版社

图书在版编目（CIP）数据

北京小微公共空间治理实施导则 / 北京建筑大学编著. —北京：中国建筑工业出版社，2023.11
ISBN 978-7-112-29185-4

Ⅰ.①北… Ⅱ.①北… Ⅲ.①城市空间—空间规划—研究—北京 Ⅳ.①TU984.21

中国国家版本馆CIP数据核字（2023）第180916号

责任编辑：焦　扬　徐　冉
书籍设计：锋尚设计
责任校对：张　颖

北京小微公共空间治理实施导则
北京建筑大学　编著
*
中国建筑工业出版社出版、发行（北京海淀三里河路9号）
各地新华书店、建筑书店经销
北京锋尚制版有限公司制版
临西县阅读时光印刷有限公司印刷
*
开本：889毫米×1194毫米　1/20　印张：7⅘　字数：172千字
2024年1月第一版　2024年1月第一次印刷
定价：**99.00**元
ISBN 978-7-112-29185-4
（41794）

编委会

主　　编　张大玉

副 主 编　迟义宸　李雪华

编写组成员　张　帆　栾景亮　吕小勇　王小丹　石　炀
徐加佳　孙　瑶　张学玲　许　超　杨振盛
单　樑　周　宇　万　强　刘小川　宋晓龙
薛　峰　夏　航　黄庭晚

人民城市人民建

人民城市为人民

前言
Preface

2019年11月，为深入贯彻落实习近平总书记“人民城市人民建，人民城市为人民”重要讲话精神，以为人民办实事为出发点，由北京市规划和自然资源委员会牵头，联合北京建筑大学等单位共同开展了“小空间 大生活——百姓身边微空间改造行动计划”（简称“行动计划”）。

2021年6月，八个具有代表性和改造示范性的小微公共空间试点项目全部竣工投入使用，改造效果引发社会热烈反响与广泛关注，百姓切实获得实惠，显著提高生活品质，充分收获幸福感。特别是经过整整一年的使用后，通过回访反映的群众评价持续良好，项目经受住了时间的检验和人民的考验。

“行动计划”以人民需求为出发点，按照自下而上原则，真正落实了“以人民为中心”的精神宗旨，收获百姓满意口碑。项目实实在在解决了影响老百姓日常生活宜居度的烦心事，为老百姓“解困、解难、解忧、解烦”，呈现给居民安全、健康、整洁、舒适、雅致、美丽、和谐的小微公共空间，居民邻里关系、居住环境品质得到了不同程度的提升，老百姓真正得到了实惠，幸福指数显著升高。

为落实市领导批示精神，现针对“行动计划”落地实施的八个类型不同、所解决问题不同、设计与实施技术要点不同的优秀典型案例，逐一分项开展全面的梳理、总结，据此编制形成类型全、可复制、可推广、具有显著实用性的《北京小微公共空间治理实施导则》，在首都功能核心区、北京中心城区、北京城市副中心进行全面推广应用，为城市更新治理提供一定的技术依据。

2022年11月

图0-1　东城区民安小区公共空间改造后

目录
Contents

第三章 主要做法

Chapter 3 Main Practices

第四章 实施路径

Chapter 4 Inplementation Paths

第五章 一体化城市设计原则与技术要点

Chapter 5
Principles and Technical Points of Integrated Urban Design

第六章 推广案例

Chapter 6
Case Studies

第七章
实施成效
Chapter 7
Implementation Results

附录
Appendix

后记
Postscript

Chapter 1

第一章

总则

General Provisions

制定目的

导则内容

导则使用

一 制定目的
Formulation Purpose

深入贯彻习近平总书记一系列重要讲话精神，坚持以人民为中心，完整、准确、全面贯彻新发展理念，保障《北京城市总体规划（2016年—2035年）》实施，推进存量更新时代北京城市空间资源提质增效，满足人民群众对美好生活的需要。总结提炼示范项目的经验，对群众身边改造意愿强烈的边角地、畸零地、废弃地、垃圾丢弃堆放地、裸露荒地等典型的低效、消极小微公共空间的更新改造形成规划设计导则和实施引导，以促进城市存量公共空间转变为“有颜值、有温度、有乡愁”的高品质公共空间。依据《中华人民共和国城乡规划法》《北京市城乡规划条例》《北京市城市设计管理办法（试行）》及有关法律法规、标准规范，结合本市实际，制定本导则。

二 导则内容
Guideline Contents

本导则主要内容包括小微公共空间治理的主要做法、实施路径、设计原则与技术要点、推广案例和实施成效。

第三章“主要做法”提炼总结了小微公共空间治理全过程中需要把握的六大关键问题，是对工作原则、方向的统一认识和对工作路线的高度凝练。

第四章“实施路径”按照小微公共空间治理工作开展的时间顺序，分八个阶段详尽阐述了工作步骤、实施方式及参与人员，对于后续其他小微公共空间项目具有较高的实用参考价值。

第五章“一体化城市设计原则与技术要点”从多个方面系统梳理了小微公共空间在规划设计方面需要把握的设计原则和技术要点，特别突出了针对小微公共空间的设计手法和技术手段，具有较强的针对性。

第六章“推广案例”是已实施八个项目的实录，完整介绍了各个项目的概况、场地问题、居民要求、改造难点、规划方案、实施组织情况。

第七章“实施成效”从经济效益、社会效益等方面概括总结了八个项目的整体实施成效。

本导则是对已实施的八个项目的工作组织经验、技术经验、实施经验的全面梳理总结和提炼，采用了正文与实录相辅相成、图文并茂的表达方法，旨在为后续其他小微公共空间治理提供有力的参考和借鉴，突出真实性、实用性和指导性。

三 导则使用
How to Use the Guidelines

1. 适用范围

本导则适用于本市市域范围内的城市小微公共空间改造、社区环境综合整治、城市环境品质提升。

2. 使用对象

本导则可供组织实施城市小微公共空间更新改造的相关部门、基层政府、社区管理人员，以及参与小微公共空间更新改造的设计单位、施工单位、社会组织、责任规划师等使用。同时，本导则也是广大居民认识城市小微公共空间更新改造、参与城市社区治理的资料性读物。

3. 与现行标准规范的关系

本导则是在现行标准规范的底线要求基础上，对如何打造人民群众更满意的小微公共空间和理顺实施过程进行引导。在具体规划设计过程中，应结合实际情况，在遵循现行有关法规、标准的刚性规定和底线要求的前提下，因地制宜落实本导则要求。

群欢乐之家

Chapter 2

第二章

术语

Terms

术语
Terms

1. 公共空间

对公众开放，用于开展游憩、观光、健身、交往等各项社会生活的室外开敞空间，包括街道空间、广场空间、绿地空间、滨水空间等。

2. 消极空间

消极空间是指已经建设使用的室外或室内空间，后因需求的改变、不恰当使用或运营管理不善，形成的低效利用或荒废弃置的空间。

3. 小微公共空间

尺度较小，规模在300~5000平方米，主要服务于城市居民日常生活的公共空间，包括街边小公园、小广场、社区游园、小型体育场地等，是城市中分布最为广泛、与居民日常生活联系最为紧密的城市公共空间类型。

4. 城市设计

在一定范围内，依据国土空间规划、相关法律法规及国民经济社会发展规划，着眼于格局构建、功能融合、风貌塑造、文化传承、空间精细化和人性化，旨在塑造有特色、有品质、有人文关怀的城市空间环境。

5. 一体化城市设计

以人民群众对美好生活的需求为出发点，对游憩、健身、交往、停车、垃圾分类、无障碍、公共艺术等城市各类公共空间要素和设施进行的统筹整体化设计，可促进空间和功能的有机整合，提升城市公共空间环境品质与活力。

图2-1　西城区厂甸11号院公共空间改造后

前方现
请勿入

Chapter 3

第三章

主要做法

Main Practices

规划设计引领

以人民为中心

彰显地域文化

全程公众参与

多方协同推进

全程持续跟踪

小微公共空间设计改造不仅仅是进行简单的空间再造和设施更新，而是要以微空间提质增效为抓手，认真识别、科学分析、精准施策，把公共空间优先用来织补公共服务，着力解决好人民群众“急难愁盼”问题，实现好、维护好、发展好最广大人民群众的根本利益。紧紧抓住人民最关心、最直接、最现实的利益问题，增进民生福祉，提高人民生活品质，不断实现人民对美好生活的向往，让群众的生活环境更方便、更安全、更宜居、更美好，提高城市生活的获得感、幸福感和安全感。

一 规划设计引领
Planning and Design Leading

1. 贯彻相关规划，保证合法合规

北京城市总体规划、北京城市副中心控规、首都功能核心区控规构建了首都规划体系的“四梁八柱”，为首都高质量发展、高水平治理作出了高位指引。小微公共空间的规划设计实施应充分落实上位规划和相关政策要求，重点关注与上位规划和相关规划的一致性，充分梳理场地及周边各项影响因素，选取适宜进行休憩、健身、交往等活动的室外公共场所。深入调研项目的改造背景和权属情况，校核改造项目的规划用地性质、土地利用现状和土地权属关系，确保小微公共空间用地合法合规。

通过“专家座谈—现场踏勘—多方研讨”等环节，对拟选对象开展深入调研和比较研判，由政府部门、技术支撑单位、行业专家、用地所在区域责任规划师和居民代表共同评审，确定符合要求的项目选址。

图3-1 项目前期选址踏勘

2. 作好规划统筹，综合资源配置

发挥规划的统筹协同优势，综合考虑资源任务配置。与老旧小区改造、“疏整促”[①]、环境整治、交通治理、园林绿化等任务结合，创新支持政策，增加灵活性和弹性，鼓励项目、空间、资金和实施整体统筹。通过一体化设计，一并解决多重问题。对现状进行综合研判，合理统筹小微公共空间与周边建筑、城市绿地、公共空间、道路交通系统、公共服务设施、市政基础设施等相关体系的衔接，加强存量空间资源的挖潜和高效、复合、精细化利用，科学规划配置小微公共空间内部各要素的规模和布局。

改造前，空间功能交错、停车混乱、安全隐患多。改造后，实现活动空间拓展、人车分流、电动车安全充电、车辆有序停放、老幼功能区合理划分、海绵城市景观收集雨水、无障碍设施改造等多方面的更新。

❶“池映丹华” ❷“寻迹牡丹” ❸花架 ❹木栈道 ❺儿童游乐区
❻健身道 ❼雨水花园 ❽停车场 ❾自行车棚 ❿休息座椅

图3-2 合理统筹内外交通系统、公共活动空间、慢行步道系统

① 指北京“疏解整治促提升”专项行动。

3. 精心规划设计，坚持优质实施

组织高水平规划设计，进行功能整合、集约高效的一体化方案编制。针对现状问题精准施策，构建“功能先导、设计革新、景观更新、文化创新”的小微公共空间分析研究新模式，并应用一体化城市设计思想与方法，在有限空间内注重文化传承、功能优先、无障碍设施全覆盖等多方面的协同设计。

■ 遵循“一地一策”

基于小微公共空间错综复杂的内在问题和多元交错的现状条件，宜按照因地制宜的原则，通过“一地一策”的方式，针对性地制定空间改造设计和实施方案。在公共空间改造前，系统深入调研并收集实地测量数据信息，对既有公共空间现状进行全面评估，编制规划设计方案。在改造中，基于定期跟踪记录和实时的改造效果评估，精准制订和优化后续落地实施方案。

图3-3　方案整体鸟瞰图1

■ 设计引领始终

以解决并改善居民生活中公共空间实际使用效能为评价导向，打破传统公共空间改造仅以提升城市形象与空间功能为目标的既有改造思路，针对典型环境出现的典型问题精准施策，在有限空间内注重文化传承、功能优先、无障碍设施全覆盖等多方面协同设计，以一体化设计的理念引领小微公共空间改造实施的全过程。

图3-4　方案整体鸟瞰图2

■ 保证实施效果

坚持“一张蓝图干到底”，努力促进设计方案的充分实施。以尽可能落实设计意图和目标为原则，政府部门和统筹单位通过“定期巡查—专家问诊—实时解困—应急救急—阶段总结—初步验收—专家验收—验收使用”等环节，践行工匠精神，保证项目的优质实施效果。

图3-5　方案整体鸟瞰图3

“小空间 大生活”行动计划探索建立了由项目选取、设计方案征集、优秀方案评审、实施方案遴选与深化、工程建设与竣工五个主要环节贯通、“全流程”跟踪管理的小微公共空间更新改造实施路径。在广泛开展居民需求调研的基础上，以设计竞赛的形式在全球范围公开征集方案，鼓励专业技术力量广泛参与；通过五个阶段，在充分征求属地社区居民意见的基础上，评选优秀设计方案；按照自下而上的工作原则，会同各方召开多次协调会议，确定项目实施方案；大力推进项目开工建设，并持续跟踪、评估项目实施建设情况，加强施工精细化，践行工匠精神，因地制宜解决问题，完整实现实施方案的安全性、实用性和创新性等设计目标。

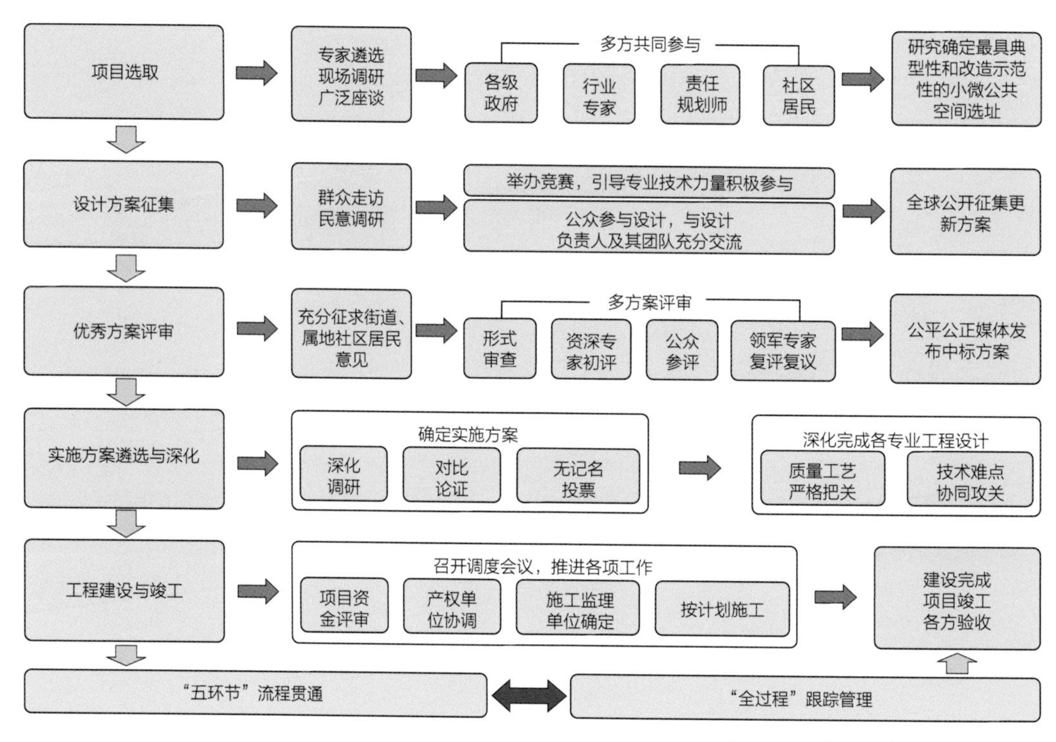

图3-6　规划从编制到实施的全流程

二 以人民为中心
People-centered

1. 以实际问题为切口

不搞形象工程，实事求是，小切口解决百姓“急难愁盼”的民生大问题。清单化呈现居民在社区公共空间方面的揪心事、烦心事，找准社区居民利益的最大公约数。聚焦百姓身边改造意愿强烈的边角地、畸零地、垃圾丢弃堆放地、裸露荒弃地等消极空间，以及未被合理、充分使用并且功能定义不明确的低效剩余空间，力求在加强功能优先、文化传承、场所打造、环境品质提升等目标前提下，激活并实现小微公共空间的科学、高效、合理的利用。

对反映问题进行总结归纳梳理。选择12345市民热线诉求量集中的区域实施改造，重点解决诸多实际问题。

活动空间和设施缺乏问题。老年人在社区占比较高，但适老化设施严重缺乏，休闲活动交往需求难以满足；现有健身、休闲设施老化严重，损毁无修，大部分难以继续使用；现状垃圾收集设施简陋，缺少垃圾分类设施，生活垃圾随意堆放，居民不堪其扰。

侵占公共空间问题。“僵尸自行车”常年占据大量室内、室外空间资源，挤占消防通道；部分公共空间长期被私人占用并私设围挡，严重影响他人使用。

乱堆乱放及违章建设问题。建筑垃圾管理不到位，随意堆放，干扰社区居民正常生活；社区历史遗留违建侵占公共资源，导致居民矛盾激增，影响邻里和谐。

非机动车乱停乱放问题。非机动车常年停放于过道、人行道甚至消防通道，存在安全隐患，导致居民日常步行空间不畅，出行困难。

缺乏室外安全充电区域问题。电动自行车的室外充电需求难以满足，部分居民为给电动车充电随意拉扯电线，存在较大安全隐患。

封闭式花坛使用不便和公共绿地缺乏维护管理问题。现有景观设施多为封闭式花坛，缺乏实用功能，居民使用度低；绿地空间品质低下，植被缺乏维护养护，杂草丛生，蚊蝇滋生。

地面不平整导致出行不便问题。公共空间地面年久失修、坑洼不平，存在各类台阶高差，给老年人、儿童和轮椅使用者造成较大出行障碍。

图3-7 “困、难、忧、烦”问题的收集梳理归纳

2. 以百姓需求为导向

■ 充分收集民意

宜在项目初期大规模开展民意摸底，掌握民生需求，助力设计任务书的完善。多途径深入了解百姓对空间的使用需求，以需求明确空间改造使用方向。

在项目启动之初，宜依托街道办事处和基层社区，组织责任规划师、设计人员，进行场地踏勘、现场调查、居民座谈和问卷调查，通过设置居民领航员等方式培育社区居民代表和积极分子，实时收集社情民意，把居民需求摸清摸透。

可通过开展线上线下等多方式的方案意见收集，为设计方案向实施方案的转化提供充分的民意支撑。将话语权由政府转至居民，发动更广泛的百姓参与，力求使公共空间的改造能够了解到居民的真实需求，改造出更符合使用者实际需要的公共空间。

■ 需求梳理归纳

汇集整理调研中居民反映的各类问题、提出的意见建议和诉求，特别是对日常生活化的片段式、碎片化意见进行系统归纳，对社区公共空间现状进行精准画像，制定空间问题和改造需求清单。

安全性需求。安全性需求主要集中在日常活动、出行、场地、设施等方面，包括：增加适老设施，方便行动不便的老年人使用；营造适宜老人、儿童、残障人士使用的，平整、顺畅、便利、安全的社区出行环境；更换老旧管线设施，保证居民日常安全使用；儿童活动场地应选择符合儿童心理特征需求，醒目舒适的色彩、安全无毒的材质、适宜的尺度等。

实用性需求。实用性需求主要集中在对空间、场地和设施的多功能诉求上，通过设计改造弥补社区功能短板，包括：打造阳光充足、宜人舒适、充满活力的高品质公共空间；改善垃圾收集设施，配备卫生、整洁的垃圾收集点，实现垃圾有效分类；规范非机动车停放，配置充电桩，设置集中、有序的非机动车停放区；合理设置休闲游憩设施，拓展日常健身娱乐场地；增加小区宣传设施，展示在地文化，传承场所历史记忆等。

美观性需求。美观性需求主要集中在对公共空间的植物配置、景观设施等进行美学提升方面，包括：提高公共绿地景观效果，优化植物群落结构和种类，丰富四季植物景观；梳理形成自然起伏的地形、地貌，慢行交通路线以弯曲的弧形为主，座椅、花坛、廊架、小品等景观设施应色彩适宜、造型优美等。

某项目通过7轮入户调查，收集了1200余条居民意见，相对小区200余住户而言，相当于平均每户提了近6条建议。通过培育“居民社区治理领航员组织”，发掘居民领航员近 50 人，打通了“居民—领航员—物业管理委员会”民意反馈渠道，为设计方案向实施方案的推进提供了充分的民意支撑。

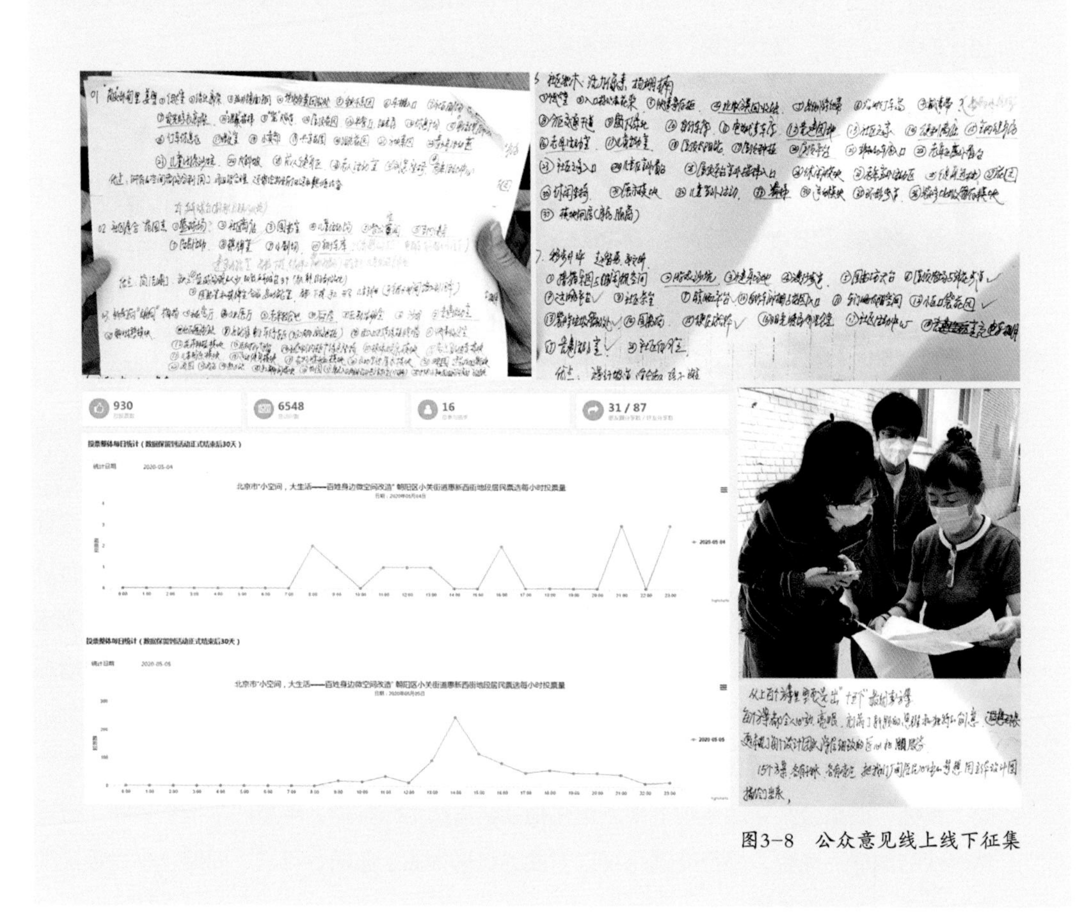

图3-8　公众意见线上线下征集

3. 以改善生活为目标

宜激活社区存量房屋资源，增设部分养老服务、文化活动、环境卫生等公共设施，改造垃圾分类设施，提升使用便利度。

宜保留社区文化记忆，改造提升绿地空间，扩大文化休闲、健身交流等空间的供给，并引入社会力量运营，真正使服务设施从建起来到用起来。通过改造建设，呈现给社区居民一个共享优质生活的小区，使居民邻里关系、居住品质都得到不同程度的提升，老百姓真正得到实惠，生活幸福指数提高。

将年久失修的自行车棚等改造为多功能室、老年餐厅、阅览学习室等适宜老人和儿童的活动空间。另外还专门辟出一处无障碍公共卫生间，解决了老人和高层居民在楼下活动时如厕不便的问题。

图3-9　杂物堆放房间改造成社区图书室

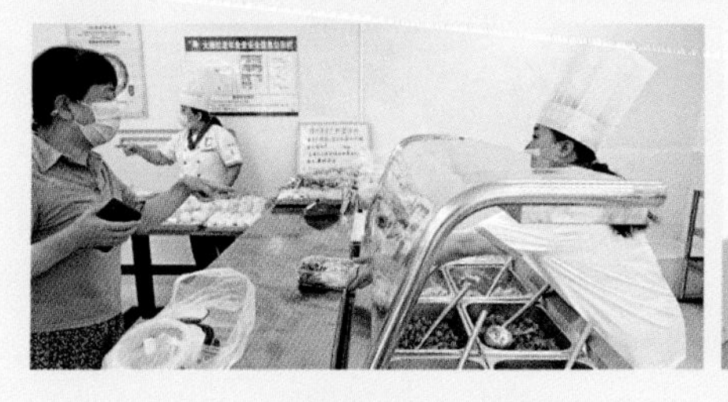

图3-10　低效车棚空间改造成老年食堂

图3-11　“僵尸”自行车堆放房间改造成党建活动室

三 彰显地域文化
Show Regional Culture

1. 提升城市风貌品质

宜围绕时代内涵和北京文化特色，以“小窗口”呈现符合城市定位和精神风貌的高水平设计风格，提升城市颜值，擦亮城市名片，契合当代时尚审美和开放多元风范。宜充分结合小微公共空间所在区域的整体城市风貌特征，保证与周边建成环境的协调统一，塑造符合地域性特质的空间场所。

通过植入新的公共艺术品，利用曲面墙设置哈哈镜等方式打造城市休闲娱乐趣味场所，提升城市空间魅力、现代感和人气活力，彰显高品质风貌特色。

图3-12　城市会客厅提升首都形象和城市魅力

2. 体现人文特色内涵

在公共空间塑造、小品设计中融入地域特色文化元素，注重挖掘社区文化和乡愁记忆，增强居民归属感和社区凝聚力。通过小微公共空间改造，挖掘和重塑首都历史与人文内涵，营造具有首都特色风貌的公共空间形象，让城市空间更具北京韵味。

图3-13 展现社区历史文化的“淬炼”雕塑作品

四 全程公众参与
Entire-process Public Participation

公众参与的“公众”是指小微公共空间的使用者和相关权益人。公众参与环节十分重要，是我们落实“以人民为中心”的具体体现。可伴随实施过程开展民意摸底、入户调研、现场答疑、线上线下参与方案评审、实施方案征求意见、重点问题专项调查等多种形式的民意调研。应保障公众参与的广泛性，尽可能做到覆盖不同年龄性别、不同使用需求的各类人群。

1. 参与需求征集

宜遵从前置性公众参与原则，在项目初期选址和拟定设计任务书阶段就开始开展公众参与，确保项目能够选取百姓改造需求最迫切的城市空间，同时保证设计目标能够最大程度满足多方改造需求。

某项目筹备前期，通过责任规划师团队配合街道城建科与社区完成数十位居民访谈，提出小区十大民生改善需求，并向政府报送了老旧小区的调研报告，针对十大改善需求提出了具体改善建议。

图3-14　公众参与需求征集

2. 参与方案评选

街道组织开展向居民公示实施方案，设计团队、责任规划师向百姓讲解方案，多轮征求百姓意见和建议。

通过举办设计开放日，打造设计师与居民深度沟通的桥梁；通过设计团队现场宣讲、居民线下线上投票，居民代表列席参与设计方案评审等流程，吸引居民参与优秀设计方案评选活动。

图3-15　公众参与方案评选

3. 参与方案实施

在实施过程中持续听取居民意见，争取相互理解并达成共识，激发居民参与积极性。通过耐心细致的群众动员，激发居民主人翁精神和爱家园、建家园的情怀，形成良好的积极互动和主动参与的氛围。

因违建拆除受阻影响了项目实施，在街道多次与居民协商，做通思想工作获得认同后，城管部门拆除了存在多年的私搭乱建房屋。

图3-16　公众参与项目实施

4. 参与空间管护

鼓励街道成立小区物业管理委员会（简称物管会），引导居民树立“居民事自己管，小区事大家管”的共建共治理念。以公共空间改造带动社区治理，保障公共空间运维，形成长效的良性循环。

在公共空间改造过程中，物管会主动建言献策，全方位支持项目推进，配合工程实施。改造完成后，继续助力公共空间维护，积极收缴物业费，共管家园环境，共享改造成果，努力维持和谐宜居的生活氛围。

5. 覆盖各类人群

社区居民人口结构带来需求差异，不同群体对于公共空间的使用诉求也不同。公众参与中要注意尽量覆盖各类人群。

当涉及权益人较多时，可使用多种渠道的公众参与方式，扩大公众参与覆盖范围。

建立领航员制度，发掘热心有责任感的居民领航员，并成立微信群，为不同年龄、楼层、收入者代言。成立物业管理委员会，其中包含多位居民领航员，打通“居民—领航员—物管会”民意反馈渠道，保障尽可能广泛的公众参与。

五 多方协同推进
Multi-party Collaboration to Promote

1. 政府部门主导

注重市级规划和自然资源、发展和改革、城市管理等部门的专业指导引领作用，以及属地管理部门的实施主导作用。在市级部门的指导下，以项目所在地街道办事处为实施主体，对项目立项、规划设计、资金使用、建设实施等方面提出创新支持措施，避免单纯工程管理思维，适当增加灵活性和弹性，鼓励项目统筹、空间统筹、资金统筹和实施统筹，推动项目实施。

北京市规划和自然资源委员会（以下简称“市规划自然资源委”）与北京市发展和改革委员会（以下简称“市发展改革委”）将试点项目纳入市公共空间试点项目库，并由市发展改革委固定资产投资部门提供资金支持。通过发函、组织调度会议，推进项目资金评审、各产权单位协调、施工单位招投标等相关工作。

2. 统筹单位协调

为保障项目实施推进，宜选取技术实力全面的单位或团队作为统筹单位，为基层政府提供技术支撑。统筹单位宜建立由政府部门、设计单位、施工单位、责任规划师、社区居民等多主体共同参与的共商决策机制，协同推进资金评审、产权协调、施工招标等相关工作，对项目实施情况开展持续跟进和动态评估，确保实施方案的安全性、完整性、实用性和创新性等设计目标得以高质量实现。

北京未来城市设计高精尖创新中心（以下简称“高精尖中心”）充分发挥城市设计高端智库的引领作用，作为“总师单位”成立“专项行动”全过程技术专家组，创建以智库引领各参与主体协同探索小微公共空间建设实施的路径保障机制，搭建政府主导的跨部门合作平台，打破原有政府部门、设计、施工等条块分工，突破原有“自上而下布置”或“自下而上申请”的单边工作组织机制，成功构建起减量提质城市更新背景下共建、共享、共治、共管的公共空间改造工作创新模式。

两级政府主导

- 市级、区级政府协作联动
- 发改、规划、交通、城管部门紧密结合
- 街道及属地相关部门全程跟进
- 基层社区居民委员会实时响应

高精尖智库引领

- 以北京未来城市设计高精尖创新中心为「总师单位」
- 组建由院士、大师、专家学者共同组成的项目专家智库
- 各级政府相关部门成立跨部门合作平台，提供治理支撑
- 联合设计—施工—监理—造价团队提供全时段技术支撑

责任规划师衔接

- 贯彻城市小微空间提质增效建设目标与理念方法
- 自下而上，组织开展调研分析、设计审查、建设实施各项工作
- 自上而下，协调街道、社会公众、规划管理部门要求、意愿
- 责任规划师牵头衔接工作，建立决策—反馈渠道，打通组织—参与途径

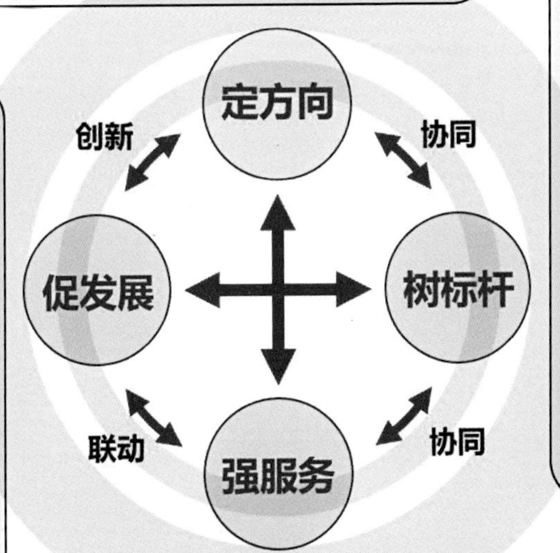

公众全面参与

- 集思广益，形成社区高质量发展新局面
- 群策群力，城市小微空间改造助力精神文明发展
- 党群互动，党建融入小微空间改造，培育社区时代新风貌
- 传创文化，历史元素与时代气息交融汇通

图3-17 “总师单位”的统筹协调机制与创新工作模式示意

3. 社会广泛参与

■ 专家智库

全面发挥“专家智库”平台作用，成立技术顾问团队，邀请行业知名专家和一线行业实践者及管理者参加设计方案评审和优化指导，统筹考虑民意需求、示范效果、工程造价等因素，择优遴选设计方案。在实施阶段全程跟踪并提供技术指导，严格把控项目落地实施质量。

可组建由多名行业领军专家组成的顾问团队参与方案评审，确定优秀方案。

图3-18 专家智库参与小微公共空间改造项目

基层组织

在小微公共空间改造中，街道和社区不仅是公共空间的载体，也是实施的主体，需要深入参与到各阶段中。

在街道的领导下，社区宜充分发挥基层组织贴近百姓的作用，通过密切联系群众推进小微公共空间改造实施。通过协调组织调研、民意调查、民主投票等活动与群众充分沟通，使他们能有效地表达对公共空间改造的诉求，同时积极配合设计团队、技术团队、施工团队后续的实地调研、方案完善和落地实施等各环节工作。社区基层党组织牵头搭建党建引领、党群共建平台，并以此为基础创新社区公共事务沟通机制，探索形成由公共空间整治带动社区群策群力、共同治理的组织路径，培育社区物质、精神新风新貌。

街道办事处主要领导牵头成立工作专班，积极推进属地内的公共空间改造实施。

图3-19 街道和社区定期组织项目推进现场会

高校师生

可融合多专业师生，打造城市更新及公共空间综合整治的高水平专业团队，全过程参与小微公共空间改造的选址、设计、评审、施工组织与技术咨询等工作，充分发挥高校“产学研”一体化优势作用。

建筑学、城乡规划、风景园林、市政工程、城市管理、社会工作等多专业的师生可深度参与各个环节。

图3-20　高校师生参与项目实施

■ 责任规划师

搭建街道责任规划师全流程参与的工作平台，发挥街道责任规划师驻地优势。宜承担属地专家、方案指导者、属地对接人、实施单位负责人、项目经办人、群众宣传与协调者等多个角色，穿针引线，协调各部门进度，保证项目效果和最终的实施，体现责任规划师在公共空间改造与治理方面的专业力量和纽带作用。

充分结合北京责任规划师制度，通过责任规划师让公众更加了解小微公共空间改造与更新，让政府充分明确居民实际需求。作为社区居民与政府、设计师及外界沟通的桥梁，责任规划师扎根基层、团结群众、推动更新实践，充分发挥他们的内生性、自发性、支持性和纽带作用，调动各方力量积极协助开展工作，为更多同类空间问题和需求树立实践样板，是社会广泛参与主体中的重要一员。

图3-21　责任规划师参与方案评审和方案讲解

■ 志愿者

在小微公共空间改造中，宜重视各类志愿者在多环节发挥重要作用。鼓励志愿者团体参与公共空间改造，充分调动志愿者的积极性，为他们提供合适的工作平台和机会。在前期阶段可参与项目实地踏勘，在方案编制阶段参与民意调查，在实施阶段参与改造建设和空间维护。作为社会广泛参与的一种公益力量，志愿者有助于实现社会风气提升和资源集约配置的双重目标。

擅长书法的志愿者报名参加标识碑题字活动。

“印象牡丹”社区花园标识碑题字
书法作品征集
活动通知

牡丹园东里的居民朋友们大家好！

“印象牡丹”社区花园即将落成和大家见面了。这个社区花园从原有“小黄楼”到拆违遗留地再到即将完成的社区游园，各位街坊都是这一过程的亲历者。这个小小的“印象牡丹园”在施工过程中也为大家带来了众多不便，在感谢大家在这一过程中的关注、支持和配合！

现在诚邀各位居民为“印象牡丹园”石碑题字，特举办此书法征集活动。请各位参与居民依据下图尺寸要求题写“印象牡丹”四字。于4月22日17：00前将作品原稿和创作理念提供给牡丹园居委会。我们将组织居民投票和书法专家评选，优胜作品将进行镌刻。

目前我们选择的黄山石颇有特色，细看其纹理似有“花团锦簇”的状态，与“印象牡丹园”气质契合，标识碑坐落于“池映丹华”微水景北侧，一山一水，颇具情调。以上可作为创作参考。

感谢大家！

牡丹园社区居民委员会
花园路街道责任规划师
2021年4月15日

（活动最终解释权由主办方所有）

标识碑和题字位置尺寸

标识碑放置位置说明

图3-22　书法作品征集活动

在改造完成后，不定期有一些在校学生志愿者参与公共空间的日常运维，通过打扫卫生、整理设施等方式贡献力量。

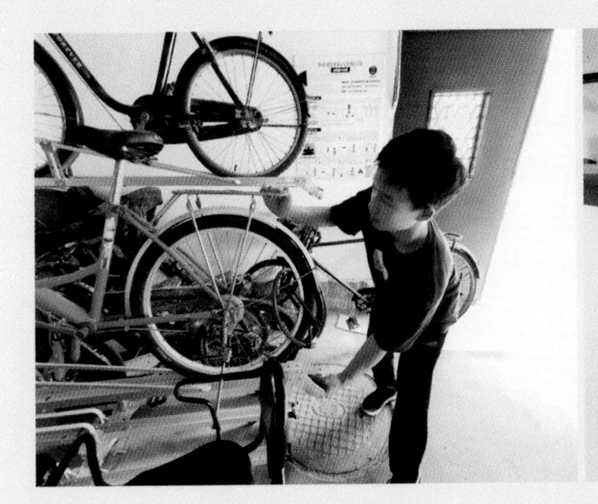

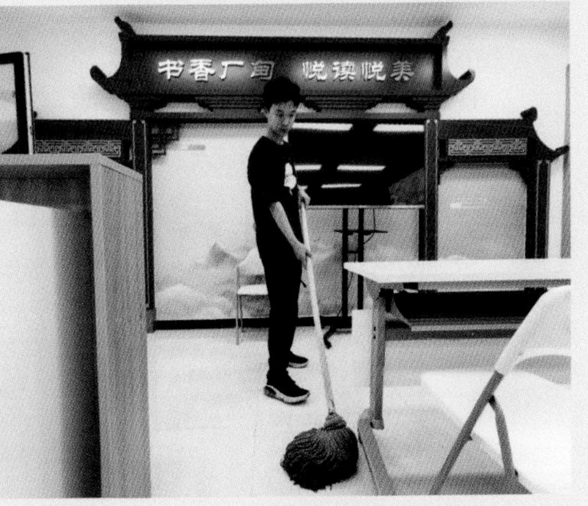

图3-23 中学生志愿者参与小微公共空间日常维护

■ 物业

重视街道社区物业管理工作的重要性，鼓励物业公司参与小微公共空间改造实施。通过调动物业公司的积极性，在规划设计方案编制阶段，物业配合前期场地调研和民意调查，支持方案的不断优化；在项目实施阶段，物业配合项目工程推进，通过提供一定的资金和人力支持，保障项目高质量落地；在改造完成后，物业与居民形成和谐融洽的关系，实现百姓生活改善和物业效益提升的双赢目标。

物业公司深入参与公共空间改造过程。随着社区环境的改善，居民对物业的态度也逐渐转变，打破了原来居民不交物业费、物业公司不作为的僵持局面，物业也更有动力出钱出力来提升物业服务水平，形成了居民满意、物业积极的良性循环。

4. 明确权责边界

■ 优化职能配置

小微公共空间改造实施与政府多个职能部门相关，宜通过优化职能分工，形成高效的多职能作用对接机制。按照“市级主策，区级主责”的思路，推动各有关部门达成共识，步调一致，共同发力，有效衔接相关工作程序，完善配套政策、管理制度、技术规范。建立改造更新管理全流程，明确工作路径，分类型确定项目申请、立项、规划编制、报批、实施、验收等全过程管理规定。改进优化审批流程，有效提高项目推进实施效率。

通过协调地铁、公交、电力、通信、排水等多家单位的支持，统筹解决各部门的关切问题和技术难题，有效控制影响施工进度的各种因素，保障项目顺利推进实施。

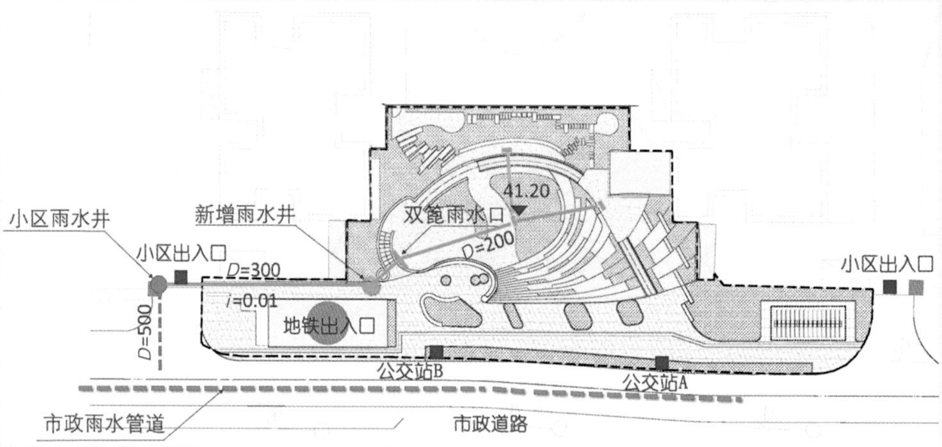

图3-24　涉及多方关系的城市小微公共空间

明晰权责边界

围绕小微公共空间改造，各参与方宜结合各自的工作内容统筹制定权责边界，确保清晰覆盖项目实施全流程的每个环节。政府部门在优化职能配置的基础上，宜以各自主管范围核心环节建立权责边界，通过次要环节的兼并或整合减少部门间的权责交叉，加强简政放权，有效避免责任推卸、管理混乱等现象。居民对改造情况享有知情权和参与权，同时在得到充分征求意见后支持和配合项目实施。设计方应负责高水平编制项目设计方案，施工方负责高质量完成项目工程，街道和社区负责协调推进项目实施，物业公司宜积极主动支持项目实施。

兼容利益诉求

小微公共空间的改造实施与多个利益主体相关，各利益主体的关注点和诉求点各不相同，必然会存在多样的交织和矛盾关系。宜统筹考虑政府部门、居民和其他相关利益方的主要矛盾点，通过寻求多方利益平衡点，化解矛盾冲突，减少彼此间的利益不兼容。

公共空间改造过程中，很多车主特别是有固定车位的车主不愿意将自己的车辆移出小区为施工腾出空间，导致工程无法继续开展。经过社区与街道、物业等各单位反复沟通，并且与各位车主协调后，最终由街道协调路边停车管理单位，同意将院内车辆临时停放在道路两侧，并按最低收费标准收费，从而解决了难题。

六 全程持续跟踪
Continuous Tracking Throughout the Entire Process

1. 强化监督管理

统筹单位定期对项目施工质量进行监督管理，针对各项施工内容和环节进行质量评估和记录，建立质量管理台账，形成长效跟踪监管机制。合理把控各项目的施工进度，尽量避免各种因素导致的停工、滞工、缓期完工等问题，严格控制实施周期。根据相关导则规范，针对不同施工阶段，组织高校专家、设计院专家、无障碍专家等技术团队到现场调研进行技术指导和质量把关。

统筹单位在巡查中发现无障碍坡道按照相关标准以直角转弯的形式建成后，可使用空间极其局促，无法保障轮椅的平顺通行。经与无障碍专家现场会商，因地制宜地将其调整为弧形坡道，既有效扩充转角使用空间，又与既有树木形成良好互动关系。

图3-25　质量跟踪监管和技术指导把关

2. 过程优化调整

针对施工过程中出现的影响场地安全方面的问题，宜及时进行调整和优化，同时注重保障居民日常生活、出行的安全和方便，确保项目安全实施。针对施工过程中出现的各种影响项目实施的状况和问题，宜进行综合研判提出合理的施工调整方案，确保项目持续推进。针对施工中发现的原有方案中存在的不实用设计细节和内容，宜进行适宜性的优化调整，保证实施完成后的实用效果。

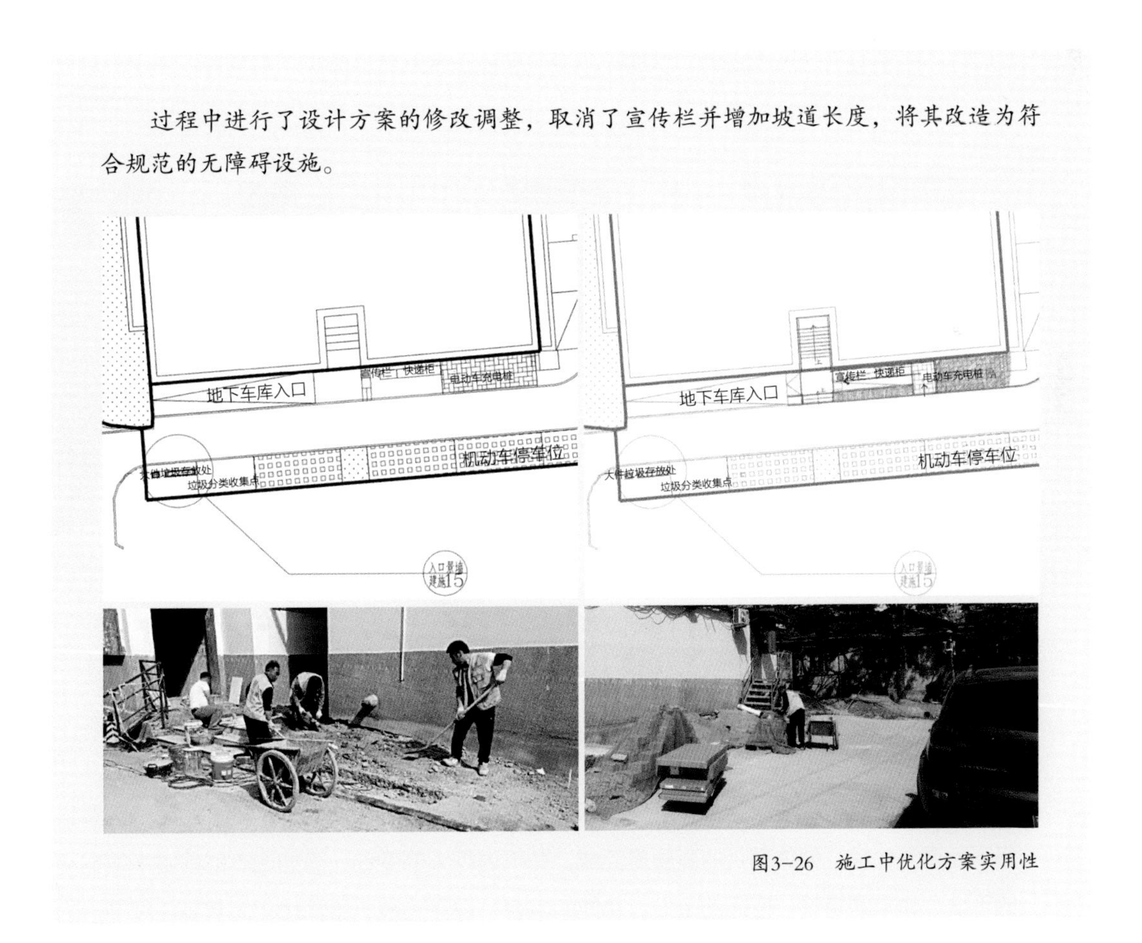

图3-26 施工中优化方案实用性

3. 协调解决困难

因不同部门权责管理或审批流程限制，造成项目施工受阻或停工等问题，宜充分发挥主导单位的关键作用，协调推进相关部门的管理工作，减少政策和监管卡点。针对施工过程中相关方出现矛盾冲突，导致工程停滞问题，宜协调组织多方协商，充分调解化解矛盾。针对设计方案未预判到且影响项目实施的各类问题，宜及时进行解决，确保落地和使用效果。

通过对场地中无图纸井道进行逐一排查，并邀请相关部门现场研判，依据不同情况调整了实施方案。

图3-27　施工中处理突发问题

4. 把控精工细作

应严格按照施工质量标准体系进行施工作业，对过程中出现的影响施工质量的因素进行综合研判和调整，保证整体项目的高质量完成。在不进行大的变动、节约成本的前提下根据施工工艺的手法、材料的特性、空间的条件、功能的综合、设计的技巧不断优化完善施工细节，力求减少死角、硬角。针对小微公共空间实施的工艺和成本问题，可采取新技术与新工艺，在保证充分体现设计方案的前提下，降低维护成本，实现优良施工效果。

对墙面、台阶踏面、花池转角、树池、座椅、扶手等均作圆滑处理，消除死角边角，优先选择安全美观优质的设施材料，实现功能、景观、安全的有机统一，精细化营造友好型社区公共空间环境。

图3-28　注重施工过程的精工细作

状元
榜眼
探花

Chapter 4

第四章

实施路径

Inplementation Paths

一 项目选址
Project Site Selection

明确用地选址原则，市区统筹申报项目

1. 阶段步骤：选址征集发起—选址上报—现场调研—综合评审

■ 选址征集发起

由市规划自然资源委牵头，会同市发展改革委、市城市管理委面向相关区政府发函征集项目选址，明确选址要求、上报要求及工作组织方式。

■ 选址上报

区政府面向街道征集项目选址后，向市政府主管部门报送3～5个备选点，报送材料包含选址概况、涉及范围、现状照片、实施条件、实施资金概算、改造计划等内容。项目上报前，区规划自然资源分局责成项目所在地责任规划师提出意见并全程参与。

■ 现场调研

市规划自然资源委牵头组织区规划自然资源分局、技术支撑单位、专家共同进行现场踏勘并进行民意调研，相关街道办事处负责组织责任规划师、社区居民参与调研，技术支撑单位负责制定调研路线，全程记录调研过程。

■ 综合评审

市规划自然资源委牵头组织市发展改革委、市城市管理委、技术支撑单位、专家、责任规划师共同对备选项目进行评审，最终确定8个改造行动项目。

项目选址阶段，区规划自然资源分局针对相关街道上报的待改造用地进行初步筛选后，将符合条件的用地上报市政府主管部门。经过参与主体现场调研、民意调研及综合评审，最终确定项目选址。

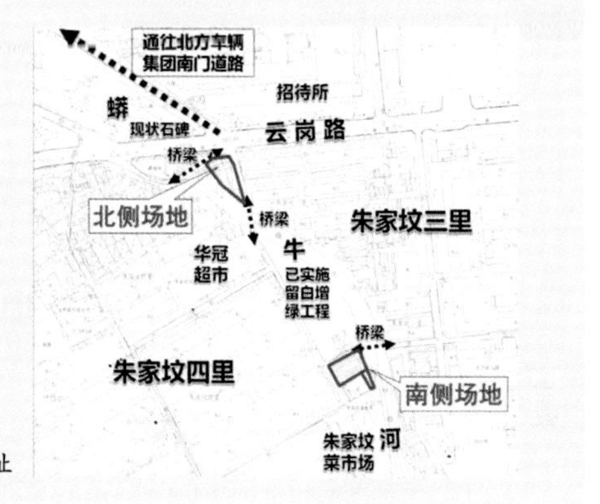

图4-1　项目选址

2. 实施方式

■ 参与主体

市政府主管部门、区政府主管部门、统筹单位、技术支撑单位、专家、责任规划师、街道办事处、社区居民。

■ 阶段任务

明确工作组织方式及项目选取原则，针对备选项目进行现场踏勘及研讨，综合评审确定项目选址。

■ 选取原则

以问题为导向，选取与居民生活矛盾突出、居民改造意愿强、用地性质明确、土地权属清晰、具有显著示范性的城市典型消极空间与剩余空间。

■ 公众参与

充分调动街道办事处、责任规划师、社区居民的积极性，征集居民改造意愿强烈的项目用地，经过参与主体共同调研、评审确定改造项目。调研过程中与居民面对面交流。

二 方案征集
Scheme Solicitation

明确方案设计要求，鼓励公众积极参与

1. 阶段步骤：任务书拟定—项目发布与报名—集中答疑—现场答疑—方案设计

■ 任务书拟定

市规划自然资源委组织技术支撑单位召开项目设计任务书研讨会，指导技术支撑单位进行任务书编制，向参赛者提供场地的人文历史信息、场地信息以及任务要求等信息，区规划自然资源分局对任务书进行补充完善。

■ 项目发布与报名

在市规划自然资源委的指导下，技术支撑单位负责撰写项目发布稿件、网上发布竞赛信息、公开征集与定向邀请设计单位参与，搭建报名平台、统计报名信息、分项目建立参赛者微信群；区规划自然资源分局负责联系所在街道及责任规划师开展后续相关工作。

■ 集中答疑

市规划自然资源委会同市发展改革委、市城市管理委，组织各区政府、区规划自然资源分局、区发展改革委、区城市管理委、街道办事处、技术支撑单位、责任规划师、参赛者及相关媒体进行集中答疑，向参赛者介绍方案征集工作背景及工作安排、报名情况，进行任务书宣贯，并与参赛者互动，回答参赛者的提问。

■ 现场答疑

市规划自然资源委会同市发展改革委、市城市管理委，组织各区政府、区规划自然资源分局、区发展改革委、区城市管理委、街道办事处、技术支撑单位、责任规划师、参赛者及相关媒体进行现场答疑，首先由街道办事处、社区带领参赛者踏勘现场情况，责任规划师结合现场展板资料，向参赛者介绍场地现状、历史文脉、居民需求等情况，然后进行针对性交流答疑，相关部门回答参赛者提问，参赛者听取居民意见。

■ 方案设计

参赛者进行为期2～3个月的方案设计，并网上提交最终方案成果。

2. 实施方式

■ 参与主体

市政府主管部门、区政府主管部门、技术支撑单位、街道办事处、社区、责任规划师、设计单位、社区居民。

■ 阶段任务

以需求为导向制定任务书，通过网络发布，采取公开征集与定向邀请相结合的方式，向社会广泛征集城市小微公共空间设计方案。

■ 公众参与

通过大众媒体、专业媒体、自媒体等多种形式的报道与转发，多渠道发布项目信息，组织设计团队开展现场踏勘、现场答疑、听取居民意见。

方案征集阶段，组织单位与责任规划师共同制定项目的任务书，并通过“北京规划自然资源”公众号等多渠道推广发布征集信息，在市规划自然资源委的指导下，街道组织参与主体举办了方案征集现场答疑会。责任规划师结合展板、图文资料详细介绍场地现状、历史文脉、功能需求、改造瓶颈等，并现场回答相关问题，将百姓最需要、最实际、最迫切的改造诉求传达至参赛者。

- **坐标位置**

位于朝阳区小关街道，惠新西街北段东侧。

- **场地描述**

地块位于惠新西街北口地铁站 C 出口以南，惠新西街 6 号楼、10 号楼西侧，是城市主干道与住宅小区之间的开敞空间。自地铁站点修建起长期闲置，地块向西开敞，东侧有围墙与住宅区隔离。

现状绿化杂草丛生，树木种植无规划，大面积土地裸露。

距地铁 5 号线惠新西街站 50 米。

- **任务要求**

  - 将地铁、公交车站周边交通组织统一设计：

综合分析和考虑惠新西街北口地铁站出入地铁的人行流向和流量、公交站场上下车人流和候车人流、步行往来行人流量等交通状况，将地铁、公交车站周边人流及步行人流交通进行统一组织和设计。

  - 作为城市公共空间，创造具有地域标识性的区域地标：

充分考虑惠新西街北口地铁站及公交站场对地区公共空间景观的影响和标识，挖掘和研究用地周边的文化和历史元素，打造能够彰显地域文化、区域标识度的特色城市公共空间。

  - 完善周边休憩活动功能，打造城市公共空间优质品质典范：

设计应充分考虑周边社区居民需求，打造符合地铁口周边、公交站点周边特征，满足城市居民休憩、活动需求及具有区域文化特色的高品质城市公共空间典范。

- **评审要点**

  - **统一组织多种交通方式人流，打造城市地标、示范性城市公共空间。**

- **人文线索卡**

  - 构件厂在这里经历了怎样的前世今生？
  - 为什么这里聚集着冶金、建材等相关机构？
  - 由地铁带来的交通方式、生活方式的改变，对公共空间有何影响？

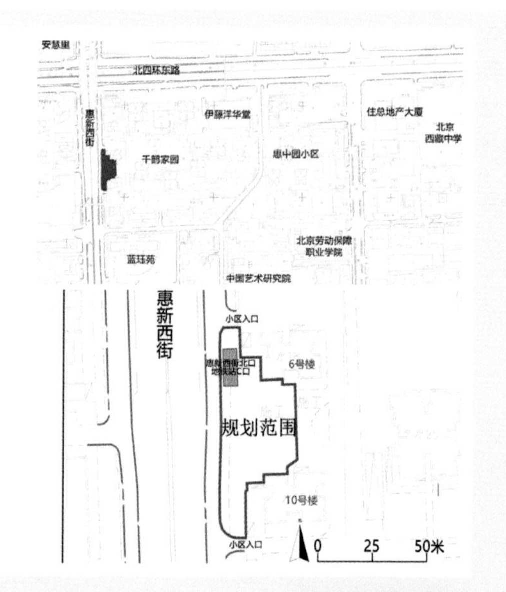

图4-2　任务书示例

图4-3　项目场地现状1

图4-4　项目场地现状2

图4-5　项目现场答疑会

图4-6　项目参赛者现场调研

三 方案评审
Scheme Review

人民的方案人民评，人民的专家为人民

1. 阶段步骤：形式审查—资深专家初评—线上、线下公众参与评选—领军专家复评

■ 形式审查

在市规划自然资源委的指导下，由技术支撑单位制定形式审查规则，共同将提交成果与竞赛任务书要求进行核对，不符合任务书要求的作品直接淘汰。

■ 资深专家初评

在市规划自然资源委的指导下，由技术支撑单位制定资深专家初评评审规则，包括评审程序、评审标准等内容。由来自城乡规划、城市设计、风景园林、建筑设计、雕塑等多个学科的行业专家，与责任规划师共同进行资深专家初评。专家首先采用线上“背靠背”方式，对通过形式审查的参赛作品打分、投票，预选出25%的作品；随后专家们采用线下“面对面”方式，由组长主持，对预选出的作品进行现场评议，再次逐轮打分、投票，选出20%的作品入围优秀方案。

■ 线上、线下公众参与评选

针对入围优秀方案进行线上公众投票，评审最佳人气奖，由技术支撑单位构建投票平台，并对投票情况进行梳理总结，供复评评审委员会参考；针对入围优秀方案进行线下属地公众参与评选，由项目所在地街道办事处会同区规划自然资源分局、责任规划师、优秀方案设计团队，通过展板、虚拟现实技术、方案宣讲、问卷发放等形式，向居民展示、讲解优秀方案并收集居民意见，评选出最受欢迎方案，供复评评审委员会参考。

■ 领军专家复评

在市规划自然资源委的指导下，由技术支撑单位制定领军专家复评评审规则，包括评审程序、评审标准等内容。行业领军专家对入围作品进行三轮评选，第一轮对全部入围作品进行投票，按35%的比例投票评选出特等奖及一、二、三等奖候选作品，其余作品获入围奖；第二轮在获奖作品中按25%比例投票选出特等奖和一等奖的候选作品，其余作品按本轮投票票数相对较少的设为二、三等奖；第三轮评选投票选出一个特等奖，其他作品为一等奖。

2. 实施方式

■ 参与主体

市政府主管部门、区政府主管部门、技术支撑单位、街道办事处、责任规划师、评审专家、社区居民。

■ 阶段任务

形成评审工作方案，明确评审流程、评审规则等内容，通过专家评审、公众参与多轮评审综合评定出优秀设计方案。

■ 公众参与

强调公众对项目评审的积极作用，通过线上投票、线下设计团队讲解等方式使居民更加了解设计方案，并将征集的居民意见与喜好反馈到评审中去，为专业评审提供参考。

■ 评审标准

满分10分，包括设计理念与创新（4分）、使用者功能需求与对应（2分）、文化内涵挖掘与对应（2分）、方案设计表达（1分）、设计可实施性与经济性（1分）。

方案评审阶段，经过形式审查，筛除不合格作品进入资深专家初评；初评首先采用“背靠背”方式打分，预选出25%的作品，随后采用线下“面对面”方式，专家对预选作品进行现场评议、打分投票后，选出20%的作品共10份入围优秀方案；线下公众参与评选活动时，街道与责任规划师团队现场举办入围方案讲解会与居民意见征求会，邀请入围设计团队现场为居民讲解方案，面对面进行方案沟通，并且现场发放问卷，系统收集居民对设计方案的反馈意见。最终经过领军专家复评，评选出项目的特等奖、一等奖、二等奖、三等奖及入围奖。

图4-7　项目线下公众参与评选

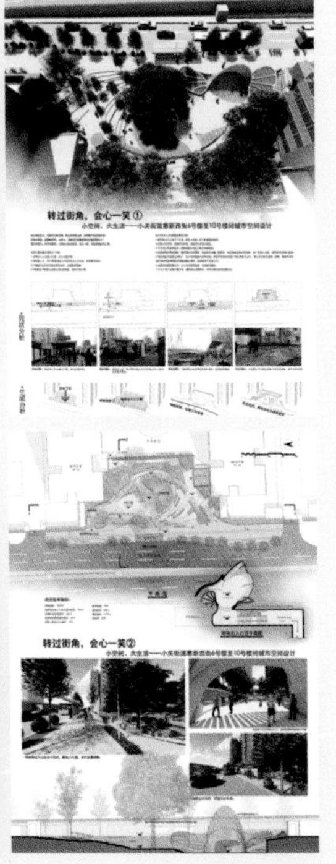

图4-8　特等奖获奖作品

四 方案遴选
Scheme Selection

综合遴选实施方案，明确技术服务团队

1. 阶段步骤：现场调研—实施方案遴选

■ 现场调研

市规划自然资源委组织市发展改革委、行业专家、高校专家、责任规划师、街道办事处、居民代表实地踏勘调研，深入了解现状问题。

■ 实施方案遴选

市规划自然资源委组织市发展改革委、行业专家、高校专家、责任规划师、街道办事处、居民代表组成评审组，听取责任规划师对获奖方案的讲解、剖析后，按照遴选原则，对入围作品进行讨论及多轮投票，综合考虑设计单位的行业影响力、设计资质、后期配合服务能力、成本造价等多方面因素评审出实施方案，明确技术服务团队。

2. 实施方式

■ 参与主体

市政府主管部门、区政府主管部门、技术支撑单位、街道办事处、责任规划师、评审专家、社区居民。

■ 阶段任务

明确遴选原则及遴选方式，评审组综合评选出实施方案，明确技术服务团队。

■ 遴选原则

实施方案应在功能落实、文化传承、艺术表达和环境品质等方面均具备创意性、融合性和前瞻性设计，并具备较强可实施性；解决居民反馈的问题，满足居民的实际需求；综合考虑设计单位的行业影响力、设计资质、后期配合服务能力、成本造价等多方面因素。

■ 公众参与

按照自下而上的原则，会同属地街道办事处、社区居委会、责任规划师、行业专家及相关居民代表召开多次协调会议，通过深化调研、对比论证、无记名投票等环节，确定最终实施方案。

实施方案遴选阶段，参与主体开展项目实施方案评选工作，在获得特等奖及一、二、三等奖的优秀方案中进行实施方案遴选。评审组现场调研后，责任规划师介绍优秀方案，在综合考虑实施方案的创意性、前瞻性、可实施性及对居民实际需求的满足情况，以及设计单位的行业影响力、设计资质、后期配合服务能力等多方面因素的基础上，参与主体综合评选出实施方案。

图4-9 项目实施方案遴选评审会

五 实施方案
Scheme Implementation

全面落实各方需求，部门联合评审论证

1. 阶段步骤：实施方案深化—实施方案报审—实施方案批复

■ 实施方案深化

在实施方案向居民公示，充分调研并征求居民意见的基础上，设计团队深化设计实施方案。在市规划自然资源委的指导下，技术支撑单位组建技术顾问团队，组织区政府主管部门、街道办事处、责任规划师、技术顾问、设计单位、社区居民召开多轮实施方案深化研讨会、实施推进会，推进方案深化工作，严格把关实施方案深化质量及工程材料与工艺，监督百姓功能需求落实，协调相关部门解决技术难题。

■ 实施方案报审

区规划自然资源委负责督促设计单位及概算编制单位形成实施方案，包括方案施工图及工程概算；组织召开专题会及多部门联合评审会，审议项目实施方案。设计单位、概算编制单位根据评审意见进行多轮实施方案修改。审议通过后的实施方案由区发展改革委形成实施方案请示进行上报，由市发展改革委委托咨询公司对项目开展评估论证。

■ 实施方案批复

经市发展改革委主任专题会审议通过后，市发展改革委对项目建设单位、建设地点、主要建设内容及规模、总投资及资金来源等进行批复，责成区政府作为项目组织实施的责任主体，督促项目精心组织建设，及时协调项目实施中的问题，加快实施进度，规范资金使用，确保建设质量。街道办事处作为实施主体做好开工前的准备工作。

2. 实施方式

■ 参与主体

市政府主管部门、区政府主管部门、技术支撑单位、街道办事处、责任规划师、设计单位、社区居民。

■ 阶段任务

相关部门共同解决技术难题，保障设计深化质量及工程材料与工艺，全面落实百姓及各方功能需求。组织实施方案申报及多轮评审论证，最终直至项目获批。

■ 公众参与

街道组织开展向居民公示实施方案的工作，通过多种形式征集居民意见；搭建各单位高效沟通平台，组织召开多轮实施方案深化推进会，参与主体共同探讨方案深化中对百姓功能需求的落实。

实施方案深化阶段初期，街道作为实施主体牵头居委会、业主委员会开展实施方案展示活动，由责任规划师带领设计团队通过展板展示、现场讲解、入户调研、发放问卷等形式征集居民意见，并组织居民签署居民同意书。实施方案深化过程中，市规划自然资源委总协调调度，技术专家组、责任规划师作为项目技术支撑，组织召开多轮实施方案推进工作会，加强统筹、全程把关实施方案，各方协同配合开展工作，确保报批进度安排、做好施工前期准备、推进支持资金到位。经区政府专题会审议通过后，市发展改革委对项目正式批复，并发布实施工程建设项目招标方案核准意见书。

图4-10　项目实施方案推进会

图4-11　实施方案效果图

北京市发展和改革委员会
Beijing Municipal Commission of Development and Reform

登录个人中心　智能问答　无障碍　简 / 繁　EN

首页　工作动态　政务公开　政务服务　政民互动　便民查询　发展改革专栏

职权信息　规划计划　政策公开　政策解读　政府信息公开　依申请公开　依申请转主动公开

当前位置：首页 > 政务公开 > 依申请转主动公开

政务公开

职权信息
规划计划
政策公开
政策解读
政府信息公开
政府信息主动公开全清单

关于花园路街道牡丹园北里1号楼南侧公共空间实施方案的批复

京发改（审）〔2020〕499号

日期：2020-09-22　来源：北京市发展和改革委员会　受文单位：海淀区发展改革委　分享：

经审核，原则同意海淀区按照申报的项目实施方案开展该区域公共空间改造提升工作，现就有关事项批复如下：

一、建设单位：北京市海淀区人民政府花园路街道办事处。

二、建设地点：位于海淀区花园路街道牡丹园北里小区内1号楼南侧。

三、主要建设内容及规模：改造场地面积为4657平方米，建设内容包括庭院工程、绿化工程、给排水工程、电气工程及拆除工程等。

图4-12　关于公共空间实施方案的批复

六 实施建设

Implementation of Construction

实施主体组织建设，及时解决难点问题

1. 阶段步骤：确定施工建设单位—施工准备阶段—施工阶段

■ 确定施工建设单位

根据相关招投标管理办法及规定的要求，街道办事处作为实施主体开展施工招投标程序及工作，对于实施方案的批复附件《建设项目招标方案核准意见书》中低于招标金额部分可不采用招标形式，对于其他部分采用公开招标的形式，评选出资质条件、业绩、技术、资金等方面最符合要求的勘察、施工、监理、造价等施工建设相关单位。

■ 施工准备阶段

开工前街道办事处组织社区、社区居民、施工单位及相关部门进行拆除违建、场地清理、场地勘察等工作，为项目实施做好前期准备工作；组织设计单位、施工单位进行现场设计交底。施工单位根据项目情况，编制施工进度计划表及施工组织设计方案，并形成项目例会制度，做好管理人员组织、劳动力组织、材料准备、机械准备、技术准备、现场情况踏勘等准备工作。

■ 施工阶段

施工单位严格按照合同实施建设，强化管理，制定施工计划，保障施工安全、施工质量、施工进度；依次按照土方工程、管线预埋、钢筋工程、模板工程、混凝土及砂浆工程、砖砌体工程、绿化种植、地面铺装等重点环节开展施工工作；整个过程中精心设计材料机械进出场路线，分块分区域施工，搭设临时防护设施，避免拆除时的沙、石、灰尘飞扬影响周围居民的正常生活。在市规划自然资源委的指导下，技术支撑单位会同技术专家组、责任规划师召开多轮现场协调会，共同对施工进行持续跟踪、评估项目实施情况，按照“定期巡查—专家问诊—实时解困—

应急救急一阶段总结”等工作环节，因地制宜解决问题，与监理单位共同监督施工单位提升施工精细化水平，践行工匠精神。街道办事处、社区、物业负责与施工单位沟通协调施工过程给居民带来的生活不便或负面影响，由责任规划师及时收集和反馈居民对实施效果的意见和建议，会同设计单位、施工单位进行实施效果的调整和优化。

2. 实施方式

■ 参与主体

市政府主管部门、技术支撑单位、街道办事处、责任规划师、设计单位、行业专家、施工单位、社区居民。

■ 阶段任务

确定施工单位，施工过程中做好居民的协调工作，定期评估、严把质量关，践行工匠精神，加强施工精细化和因地制宜解决问题，确保达到实施方案落地的安全性、完整性、实用性和创新性等目标。

■ 公众参与

组织技术专家、相关责任方等开展全流程督促、现场检查协调、现场集中解决施工问题，接受居民监督，全面听取居民声音。

实施建设过程中，街道作为实施主体，前期负责手续办理、招标准备等工作。施工单位编制公共空间改造提升项目工程质量安全环境管理体系文件，严格按照质量、安全和环境体系标准进行程序化的管理，并制定科学周密的施工计划，明确组织分工、职责划分。施工过程中政府主管部门、技术专家组、责任规划师发挥智囊团作用，共同参与、跟踪、记录、服务施工过程，对项目进行监督、检查；并注入“党建引领”红色动能，街道、社区党组织、专业团队、物管会、物业企业、居民代表等多方联动，定时召开项目例会，沟通解决工作问题，做好接诉即办登记，及时针对居民诉求进行合理的施工方案调整，高标准、高质量推动项目建设落地。

图4-13　项目开工仪式

图4-14　项目专家问诊

图4-15　项目施工中优化调整实施方案

七 竣工验收
Project Acceptance

严把工程质量管控，全程跟踪验收流程

1. 阶段步骤：预验收—正式竣工验收

■ 预验收

由监理单位组织实施主体、设计单位、施工单位进行开工报告、竣工报告、设计变更通知单等竣工验收资料的审查，并全面地对工程质量、数量进行查看及确认，特别对重要部位和易于遗忘的部分登记造册。预验收成果资料将指导施工单位进行整改并为正式验收提供参考。

■ 正式竣工验收

前期街道办事处联合项目参与主体做好各项验收准备工作，备齐项目竣工图、设计变更通知单、工程洽商单和竣工验收单等相关验收文件，由市规划自然资源委组织街道办事处、施工单位、监理单位、设计单位、勘察单位等对项目进行工程正式竣工验收，针对分部工程、质量控制资料、安全和主要使用功能、观感质量、植物成活率等方面进行验收检查和抽查，确保项目达到工程标准。验收后相关单位应做好工程收尾工作，正式办理工程移交和技术资料移交。

2. 实施方式

■ 参与主体

市政府主管部门、技术支撑单位、街道办事处、责任规划师、设计单位、施工单位、监理单位、勘察单位。

■ 阶段任务

备齐项目竣工图、设计变更通知单、工程洽商单和竣工验收单等相关验收文件，组织预验收及正式竣工验收，确保项目达到工程标准。

■ 公众参与

街道办事处联合设计单位、施工单位、责任规划师等项目参与主体做好各项验收准备工作，在社区及居民的监督下，严格按照验收标准实施。

竣工验收过程中，市规划自然资源委首先组织技术支撑单位、设计单位对公共空间改造提升项目进行预验收，预验收后组织建设单位、设计单位、监理单位、施工单位、勘察单位参与正式竣工验收，针对分部工程、质量控制资料、安全和主要使用功能、观感质量、植物成活率等方面进行验收检查和抽查，经检查项目符合设计及施工质量验收规范要求，通过验收。

图4-16　项目正式验收

八 维护管理
Maintenance Management

明确维护管理主体，完善运营跟踪机制

1. 阶段步骤：建立维护机制—定期监测评估

■ 建立维护机制

竣工验收后，街道办事处组织施工单位与维护管理单位进行工程移交。街道办事处责成社区、物业管理单位、施工单位等相关部门，建立、健全管理制度，明确职责与分工，做好后期维护管理工作，听取居民意见，共同制定维护管理方案。

■ 定期监测评估

技术支撑单位定期检测空间场地、景观环境、基础设施等的使用及维护状况，通过对使用者、管理单位、街道办事处等不同人群进行问卷调研等形式收集使用者关注的因素和问题，对空间环境质量进行综合评估论证。

2. 实施方式

■ 参与主体

技术支撑单位、街道办事处、社区、施工单位、物业管理单位、社区居民。

■ 阶段任务

建立、健全管理制度，明确职责与分工，针对项目中的场地环境、配套设施、景观小品等各项内容精心做好后期管理维护工作，保障项目的完整性、使用的安全性和舒适性，确保项目保持最佳使用状态和品质，持续惠及百姓。

■ 公众参与

相关单位建立维护管理制度，定期评估并听取公众意见，充分发挥街道社区力量，引导、鼓励社区居民参与环境的维护管理。

维护管理阶段，为加强项目改造后的小区管理，街道办事处责成施工单位、物业管理单位、社区居委会共同制定公共空间后期管理维护方案，包括施工单位保修职责、物业管理单位管理职责、社区居委会管理职责，涉及设施维护、保洁服务、日常维修、公共秩序管理、垃圾收集清运、停车管理等多项内容，明确了维护管理相关单位职责与分工，并及时听取居民意见进行管理及环境方面的整改工作，确保给居民提供可持续的整洁文明、安全舒适的居住环境。街道还组织社区主题书法征集、共同绘制大型壁画等活动激发社区居民的家园情怀，使其主动参与到社区管理维护中来，实现社区共治、共管、共享。

图4-17　项目场地管理

图4-18　项目居民活动

图4-19　街道组织居民活动

Chapter 5

第五章

一体化城市设计原则与技术要点

Principles and Technical Points of Integrated Urban Design

设计原则

技术要点

一 设计原则
Design Principles

1. 功能整合

应在系统梳理用地现状及百姓使用需求的基础上，统筹安排空间布局，实现小微公共空间拥有多样化、全龄化、多功能的公共活动场地。

将配套用房的消极空间激活，集中高效停放自行车；改造被“僵尸车”占用的室内空间作为社区党群联系活动室，为老人留出能遮风避雨的室内娱乐空间，为社区儿童开辟出能自习和阅读的学习空间；利用清除废弃物腾出的独立空间，打造儿童专属游戏场所，高效实现小微公共空间的多功能整合设计。

图5-1 公共空间儿童游乐场所

2. 品质提升

应以百姓生活需求为导向，构建类型齐全、功能合理、智慧便捷的公共服务体系，合理运用绿化植被、景观小品、道路铺装、景观围墙、照明设施等景观要素提升小微公共空间景观质量，充分挖掘城市地域环境、历史文脉、民俗文化等个性基因，结合新时代城市精神风貌建设需求与区域性规划定位，打造具有特色的城市公共空间，创建干净整洁、安全有序、特色突出的高品质城市小微公共空间。

挖掘历史文脉，尊重周边社区原住民为混凝土构件厂职工的特点，采用混凝土元素为文化标记并贯穿于城市家具与小品设计，加强地域文化传承，打造高品质城市客厅。

图5-2 公共空间采用混凝土元素打造高品质城市客厅

3. 活力再现

应充分挖掘场地消极空间，将碎片的、凌乱的、消极的小微公共空间进行一体化城市设计，激发空间活力。应以人为本，结合周边百姓使用需求，营造可停留、健身、休闲、聊天等功能多样化的活动场所，力求打造有活力、有人气、贴近百姓生活的城市小微公共空间。

将拆除违法建设释放的空间，设计成满足老人、儿童休憩和活动的娱乐空间；将分散的、低效的绿地进行整合，在保留原有树木的前提下，进行场地一体化景观设计，形成充满活力的社区活动空间。

图5-3　公共空间一体化多功能活动空间营造

4. 全龄友好

应综合考虑多元行为主体和不同年龄人群出行方式和室外活动的安全性，优先保障电线、电杆等市政设施的安全友好性，全面提升市政设施的完好率。同时，应完善无障碍坡道、栏杆扶手等无障碍设施，适时采用防滑铺装、提高无障碍路线夜间照明等措施，确保空间安全友好性。结合不同年龄人群的空间使用需求，合理设置相应活动空间和活动设施，达到空间设计的全龄友好性。

通过一体化无障碍设施设计，实现公共空间全龄友好品质提升。

图5-4 公共空间一体化无障碍设施设计

5. 空间复合

考虑小微公共空间规模有限性，鼓励在其改造中融入复合化、立体化设计，营造功能复合、空间丰富的集中性活动空间。

6. 创新理念

应密切结合我国新时代发展需求和特色，鼓励结合场地现实特点，运用低影响开发、雨水花园、绿色低碳等创新理念引领小微公共空间更新，鼓励运用垂直绿化、特色植被等手段适当提高空间绿视率[①]和绿化覆盖率[②]，增强空间舒适性和生态性。

7. 成效广惠

应充分考虑小微公共空间改造惠及范围和多样效益，包括经济效益、生态效益和社会效益，尽力做到成效广惠于民。

结合人防建筑屋顶，形成二层活动平台，开辟了充满阳光、老少皆宜的休憩、娱乐空间；释放了一层空间，有效满足自行车停放和电动车充电需求，治理了乱象，并消除了极大的安全隐患。

图5-5 公共空间二层平台复合化设计

① 绿视率：指人们眼睛所看到的物体中绿色植物所占的比例。

② 绿化覆盖率：指绿化植物的垂直投影面积占总用地面积的比值。

以绿色、低影响开发为理念，结合现状竖向分析，在场地东侧营造雨水花园，不仅景观效果显著，同时汇聚并吸收地面雨水，补给周边景观用水，体现了生态可持续的景观改造方法。

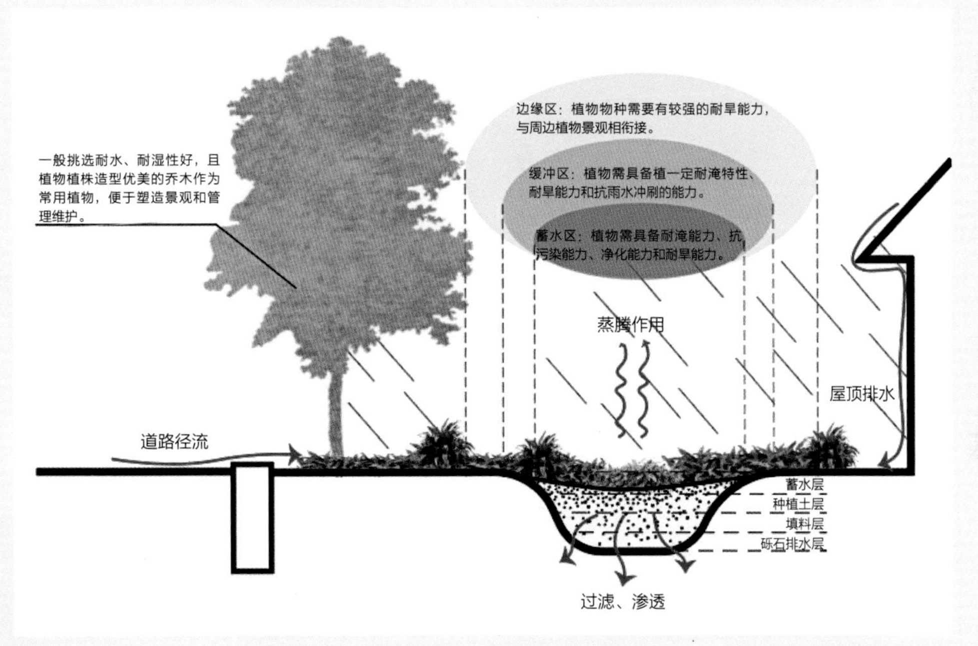

图5-6　雨水花园示意图

改造植入的养老餐厅，积极拓展服务模式，扩大服务半径，打造15分钟便民服务圈，辐射周边社区。

图5-7　居民在养老餐厅就餐

辐射周边楼房、平房住户，吸引孩子放学后在场地内休息、玩耍；项目改造中建设的电动自行车充电设施也吸引了周边平房住户来此充电。

图5-8　小区及周边儿童在公共空间玩耍

二 技术要点
Technical Points

1. 问题目标导向的总体设计

以激活消极及低效空间为导向，优先选择“改造迫切程度高、居民生活矛盾突出、居民改造意愿强、用地性质明确、土地权属清晰、具有显著示范性”的边角地、畸零地、垃圾丢弃堆放地等百姓认为“困、难、忧、烦”的消极及低效空间，对其进行系统梳理、整合和激活，将脏乱差空间进行一体化设计，提高空间品质与活力。

图5-9　百姓认为“困、难、忧、烦”的典型消极空间

充分利用社区的腾退拆违空间，补齐社区生活短板，将原来脏乱差的消极空间改造成老年食堂、无障碍卫生间、公共图书室、社区活动室等公共空间，切实提高老百姓的获得感、幸福感、安全感。

图5-10　公共空间老年食堂

以因地制宜、务实求真为导向，坚持旧物能用尽用、可保尽保的低干预设计原则，鼓励在现状旧物利用基础上进行更新设计，鼓励延续场地的地域文化和历史文脉，增强百姓的归属感和认同感。

以解决居民实际诉求为导向，协调场地及周边的功能、交通、环境矛盾，对不同居民之间使用需求的冲突给出解决方案。将场地内外进行一体化设计，合理架构功能分区，兼顾各个功能板块布局的科学性和兼容性。

原汁原味保留场地内原有葡萄架，在其基础上进行更新设计，增设休闲座椅和棋牌桌等设施，增强文化记忆，提升百姓归属感。

图5-11　公共空间葡萄架设施更新

结合周边公共交通进行一体化设计，在分析现状不同时段地铁出入口人流量和行为特征的基础上，通过在场地内设置下沉小广场的设计，缓解场地出入口和地铁站口人流聚集风险。

图5-12　下沉小广场

2. 营建功能丰富的活动空间

■ 社交休憩空间

【空间塑造】

应具有供附近居民散步、交流的邻里交往和休憩功能，适宜以半私密交往空间为主、开敞可活动空间为辅，具有归属感与安全感。宜充分结合不同人群、不同时段、不同目的的空间使用需求，设置丰富多元、可塑性强的活动空间，满足多样的弹性使用需求，激发空间使用的多种可能性。可结合周边环境和人文特色，通过雕塑、景观小品等要素，进行主题性塑造，强化场地文化，增强不同社交空间的差异化和辨识度塑造，激发空间异质性。

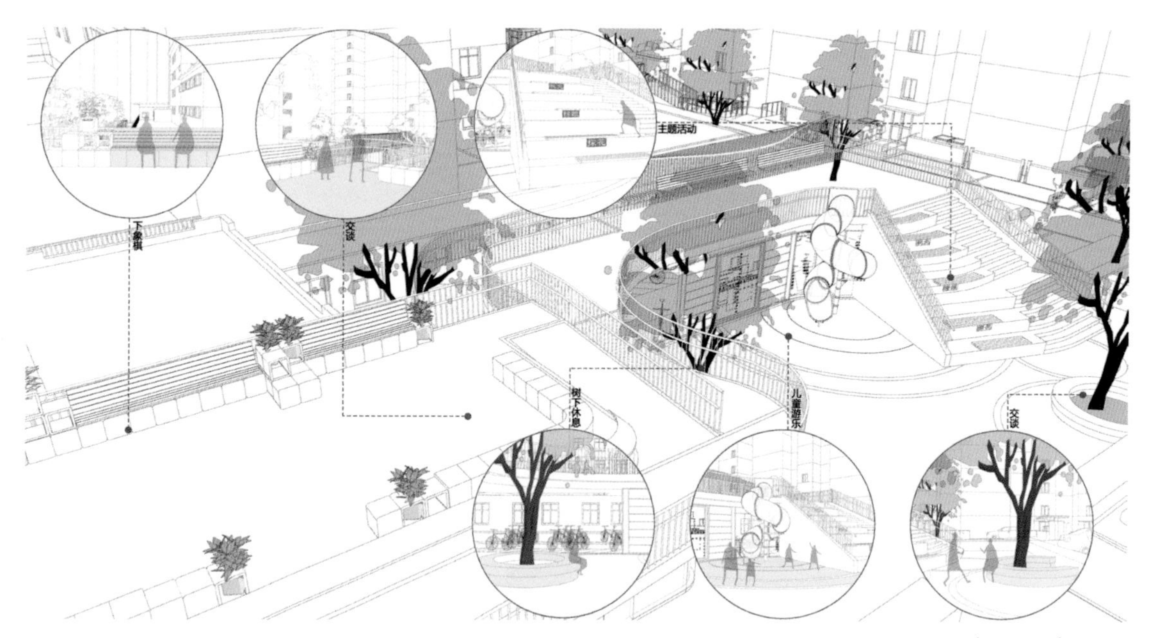

图5-13　多元活动中心图示

【基础设施】

宜设置适量的公共座椅，并考虑遮阴功能，可与空间中其他植被绿化、建筑立面、景观构筑物等景观元素结合设计。座椅端部应进行曲面或抹角处理，以保障安全性。应完善夜间照明等基础类设施，创造安全舒适的社交空间。

利用场地高差打造下沉广场，同时结合景观廊设计，形成半围合式半私密性空间。

图5-14　利用场地高差打造下沉广场形成社交休憩空间

利用拆除区域营建主题公共活动广场。

图5-15　主题公共活动广场

将消极空间进行优化，营造高品质的老幼共享活动空间，铺装防滑耐磨材料。

图5-16　消极空间改造成老幼共享活动空间

运动健身空间

【空间塑造】

应以运动健身设施或微型健身步道为主要组成部分，供人们进行户外运动健身活动。宜在地势较平坦的节点空间设置运动健身场地，可布置在居住区附近，可达性高，方便市民使用。宜通过风环境、光环境分析定位场地，保证主要健身时间段光照充足。主要存在形式宜以开敞可活动的空间为主、半私密性的交往空间为辅。

【基础设施】

健身设施布置应结合空间规模和现状条件，形式可采用集中式或散点式灵活布置，鼓励根据设施分类进行模块布置。宜根据周边市民的年龄层次与健身需求选择器材类型，增设儿童友好型、老年友好型及特殊群体友好型体育设施。健身器具应端头圆润，棱角光滑，结构稳定，尺度适宜，宜增设残障人士健身设施。

将垃圾随处堆放、蚊虫滋生的消极空间改造为运动健身活动空间，设置环形健身步道。

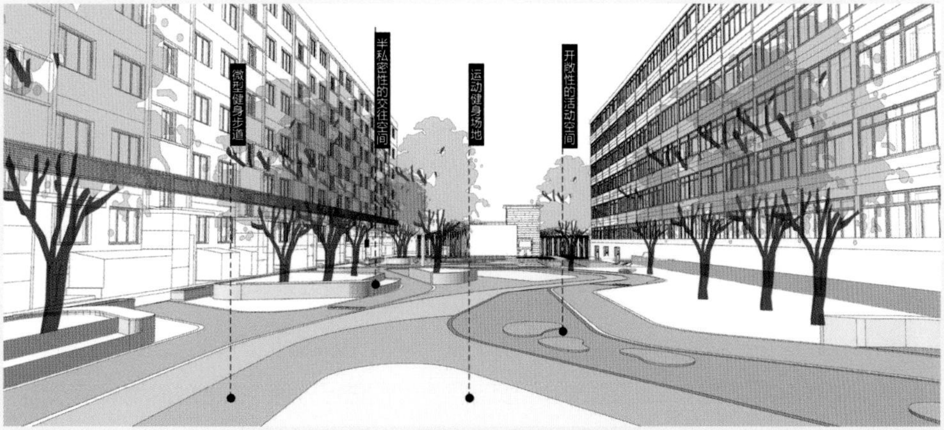

图5-17　以健身步道为主的运动健身空间

利用场地西北侧带状用地，结合保留植被，建设运动长廊，为居民提供舒适的休闲运动场地。

图5-18　以健身设施为主的运动健身空间

■ 儿童游乐空间

【空间塑造】

儿童游乐空间塑造应注重功能性、安全性、娱乐性和艺术性。根据儿童发展的需要，主要针对幼儿期（3~6岁）至儿童期（7~12岁）的孩子，他们具备独立的基本活动能力，思维发展到了一定的阶段，能够开展各种游戏活动，具有开展游戏的主观条件。空间应选择较为开阔的场地，宜用矮墙、树篱等具有透视性的景观要素与其他活动空间进行分隔，有条件的情况下可利用富有高差变化的地形。宜与成人的活动场地相毗邻，同时相对独立，建议将不同年龄段儿童的游乐空间和设施进行适度的分区。空间设计尽量包含多种感官体验，如提供声音、各种质感的墙面和地面等。

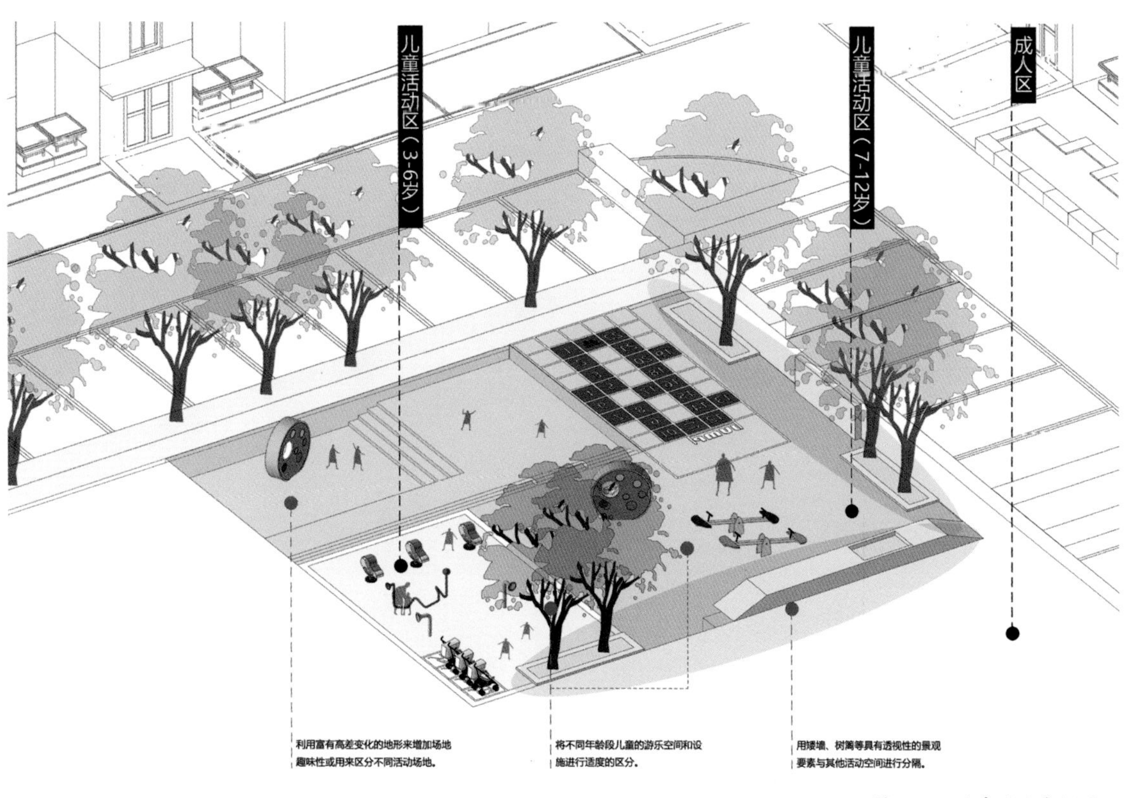

图5-19　儿童游乐空间图示

【基础设施】

游乐设施与环境设施宜采用软质材料，如塑料、人造革等。游乐设施应考虑使用人群特点，避免过于复杂，可多样化、色彩丰富，提供适合儿童不同年龄段运动方式的器具，不宜过高过陡，应避免危险结构和不良使用方式。游乐空间的边缘可考虑设置供家长休息、置物的座椅，座椅应与游戏设施保持一定的安全距离，且保证家长视线可及，座椅旁边应留有充分放置婴儿车的空间。

针对儿童群体设计多功能游乐场地，设置涂鸦墙、趣味秋千、游戏攀爬设施，为儿童提供可以学习、娱乐且安全可靠的户外活动场所。

图5-20　公共空间中的儿童游乐空间1

充分激活消极空间，为儿童提供可以享受阳光的活动场地。

图5-21　公共空间中的儿童游乐空间2

利用广场一侧，铺设彩色塑胶儿童活动场地，增设滑梯等活动场地，创造儿童活动乐园。

图5-22　公共空间中的儿童游乐空间3

3. 创造优质舒适的景观环境

■ 植被绿化

应高度重视绿化植被的合理配置，尽可能保留场地原有长势良好的树种，充分利用冠幅适宜的林下空间设置可停留空间。布置形式应根据空间布局结构和活动场地功能需求进行统筹考虑、合理设计，以达到最佳的绿化效果。鼓励丰富植物组团天际线，利用植物不同的形态特征进行对比和衬托，做到高低搭配，错落有致。

植被选择应优先考虑适合北京气候特点的乡土树种，营造有独特地方特色的植物景观，提升绿化环境的文化内涵。宜注重植物的季相搭配，丰富季相变化，重点栽植观花、观叶类植物，增加景观层次性和色彩多样性。还可以适当考虑植物的芳香功用，搭配芳香植物，提高绿化环境多方面品质。

根据小微公共空间实际情况，可选择设置下沉式绿地、植草沟、雨水花园等对雨水进行调蓄、净化与利用。鼓励通过多种途径增加形式丰富的立体绿化，全面提升小微公共空间绿视率和绿化水平。

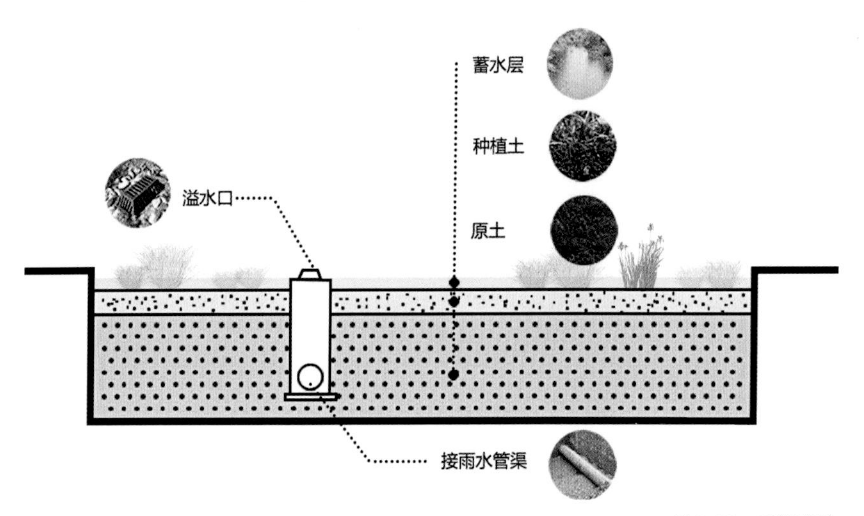

图5–23　下沉绿地

结合场地原有乔木，合理利用树下及其周围空间创造视线开阔、可互动、舒适的交往空间。

图5-24 树下空间设计

■ 城市家具

应基于功能布局、场地特色和服务人群活动特征，重点落实宣传栏、座椅、标识牌、景观灯、景石、廊架等的合理设置。建议景观小品设计统筹考虑区域人文特色和场所定位特点，展现区域文化内涵和场地特点，提高文化性和识别性。

座椅体量和大小应满足技术规范标准，符合人体工程学，并结合小微公共空间面积的大小和使用者的实际需求共同决定。在形式和选材上，充分考虑男、女、老、少等各类人群的便捷使用。

根据场地条件合理选择配置宣传栏，可在入口区域、重要节点、集中休憩处设置，不得占用人行通道。鼓励采用数字化、智能化宣传栏，并与其他类型指示牌附着或合并设计，最大限度节约空间资源。

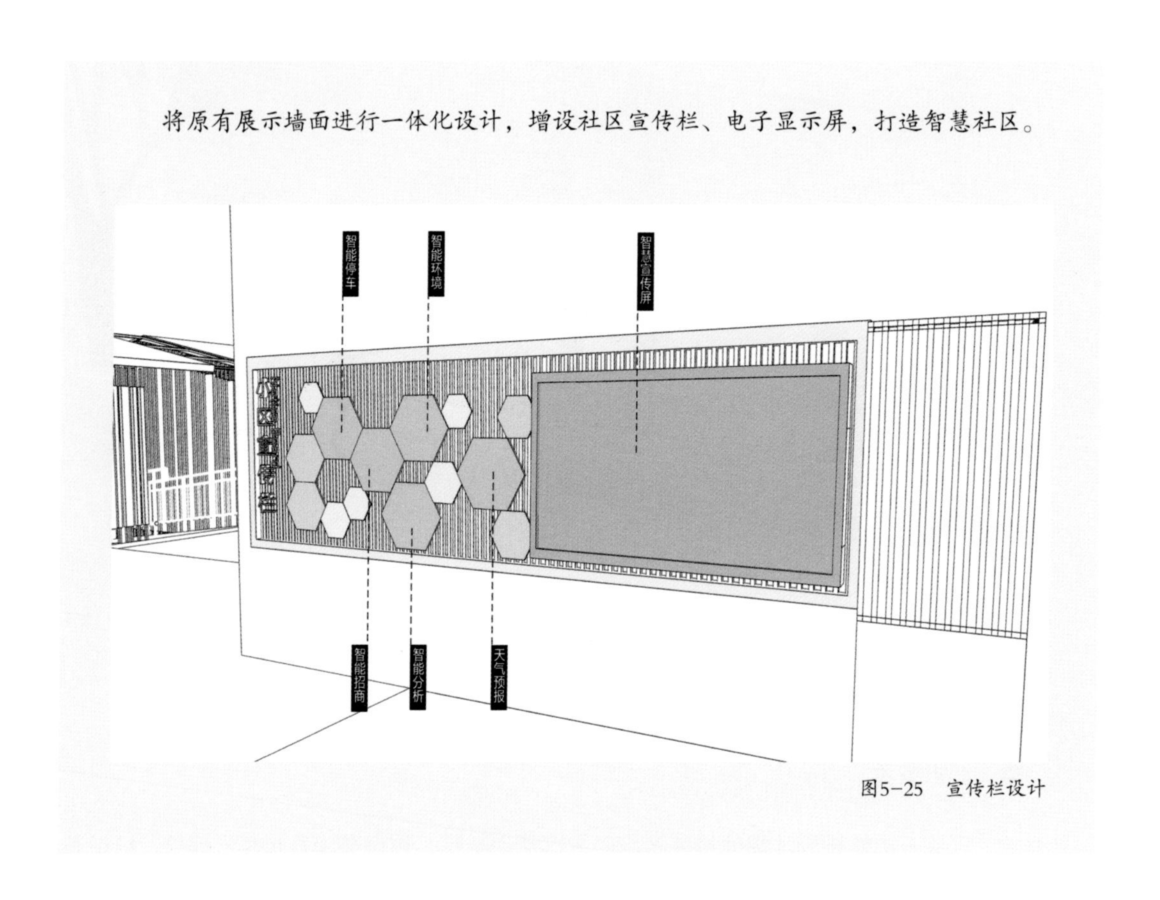

图5-25　宣传栏设计

将牡丹文化融入景石设计中。

图5-26　景石设计

景观围墙

应整体把握景观围墙的形式、风格、材质，与整体环境协调一致，充分体现一体化城市设计理念。考虑小微公共空间规模一般较小，景观围墙设计上宜在满足功能的前提下注意虚实结合，增强墙内外空间的渗透和联系，取得小中见大的效果。

鼓励结合座椅、植被进行组合式设计。鼓励根据当地的民俗、文化底蕴进行有效合理的设计，彰显出独特的人文情怀。

图5-27　座椅、廊架与植被组合式设计

景观围墙、座凳等小品设施均采用装配式预制混凝土，还原地区老构件厂的在地文化。

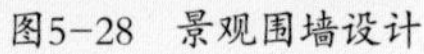
图5-28 景观围墙设计

图5-29 座凳设计

道路铺装

在满足最基本的功能需求前提下，建议关注道路铺装的美观性和人文性，可使用特殊铺砌材料和图案，亮化整体环境氛围并彰显场所人文内涵，提升小微公共空间品质及舒适性。

材料选择上应避免大面积不透水材料的使用，鼓励采用透水材料，并满足一定的使用强度要求。应充分考虑空间特性和服务人群行为模式，避免选择凹凸面较大、行走舒适感差的材料，也不宜大面积采用光面材料，避免滑倒伤人。

宜为引导性的铺装设计，强化空间定位和特色，激活空间氛围，建议与树池、座椅、景观围墙等景观要素统一考虑。

夜景照明

夜景照明的位置、亮度、照度、色彩等应与小微公共空间整体风格相协调，提高小微公共空间夜景环境品质，树立良好的城市形象。

宜以功能照明为主，在满足日常使用需求的前提下，符合低照度的要求，鼓励选择节能照明设施。不宜出现尺度过大、亮度过高、色彩过于鲜艳的景观照明，应避免眩光对使用人群行走的干扰。

结合场地布置夜景照明，为不同时段百姓活动需求提供便利，营造安全舒适的公共空间环境。

图5-30 照明设计

4. 完善便捷安全的配套设施

■ 生活服务设施

小微公共空间中生活服务设施主要包括党建活动室、社区活动室、老年活动室、公共食堂、儿童书屋、无障碍卫生间等。生活服务设施作为小微公共空间的共同组成部分，相互之间联系紧密。应从整体出发，鼓励集约化、复合化设计，高效利用小微公共空间资源。同时需要进行人性化设计的考虑，为使用者带来便捷安全的体验。

可根据场地内闲置建筑情况规模以及周边人群需要，选择设置党建活动室、社区活动室、老年活动室、公共食堂、儿童书屋、无障碍卫生间等室内公共空间，其外观、体量、材质、色彩设计应与周边环境风貌相协调，内部功能上应满足服务人群基本需求，符合相应技术规范要求。

整治并综合利用配套公共建筑，建设党群活动中心。

图5-31　党群活动中心室内空间设计

图5-32　党群活动中心

■ 基础设施

小微公共空间中基础设施主要包括垃圾箱、线缆、电杆、井盖等，应具有安全性、美观性和实用性。设计中应明确市政设施位置、规格、材质、色彩等方面的要求，工程要求应与地区具体的环境景观进行统一考虑。

垃圾箱设施应便于使用者的垃圾投放，宜结合活动场地分散布置，选址便于车辆收运。鼓励设置智慧垃圾收集装置，配备垃圾自动压缩和满容提醒功能，提高垃圾收集效率。

考虑空间安全性和美观性，鼓励线缆入地、多杆合并，尽量减少其数量和对空间的占用。井盖应选用能够防响、防滑、防盗、防位移、防坠落的“五防”井盖，上盖后应与场地地面保持同高，保障行走安全。鼓励井盖上表面采用与路面铺装相同的材质，在对景观有较高要求的空间，应统一设计，以适配场所特质和人文环境。

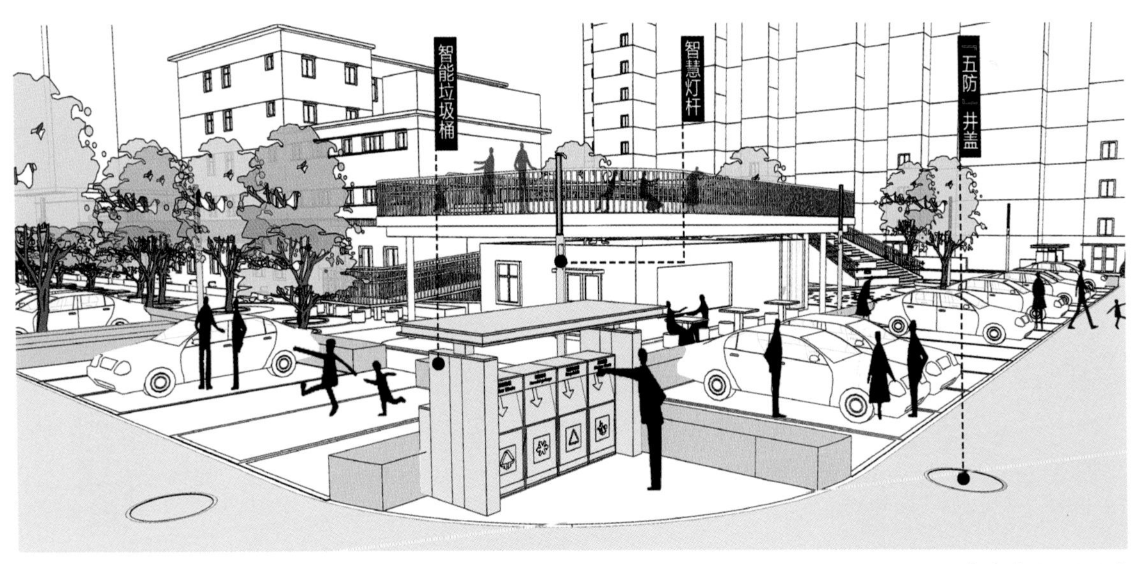

图5-33　智能基础设施设计

对现状高低压和通电缆架空线进行整治，实现电线、电缆及电线杆整体挪移。

图5-34　线缆和线杆梳理

交通服务设施

小微公共空间的交通服务设施主要包括出入口、非机动车及机动车停车区等。交通服务设施设计首先应符合交通安全标准，其他考虑的因素包括基本通行要求和无障碍通行要求，以及与相邻建筑、场地、服务设施的有效衔接，为居民提供安全便捷的使用环境。

出入口应考虑人行和车行需求，规模宽度适当，强化与周边公交、轨道交通等城市交通设施的无障碍衔接与可达性。设计应与区域风貌和小微公共空间场所特点相协调，鼓励体现人文特色设计，强化归属感和文化性。

可根据需求和场地现状情况，设置非机动车、机动车停车区及充电设施，鼓励充分利用已有的垃圾堆放地、杂物堆砌地、废旧车棚等消极空间，进行更新改造设计。鼓励设置立体停车设施，有效整合停车位，集约、高效利用空间。

打通中断多年的消防通道，实现小区消防环路全面贯通，并增设残障人士车位、临时应急车位三处。

图5-35　交通设施改造后

改造自行车棚外立面，扩展内部空间，设置双层立体停车架。

图5-36　自行车棚改造设计

改造消极空间，建造电动车停放空间，增设室外电动车充电桩，消除拉线充电安全隐患。

图5-37　电动车停车区改造设计

■ 健身娱乐设施

小微公共空间中的健身娱乐设施包括健身器材以及儿童游戏设施等。健身娱乐设施应优先保证使用的安全性，在场地醒目位置应设置安全须知、注意事项等告示牌。

健身器材设计应符合《室外健身器材的安全 通用要求》GB 19272—2011以及其他关于器材配建工作的国家标准和规范。

儿童游戏设施设计应在保证安全性的前提下，增强艺术性和趣味性，应考虑不同年龄段儿童的生理尺度和心理活动特点，满足不同儿童群体的活动要求，工程设计应符合相关国家标准和规范。

5. 实现全龄友好无障碍设计

在小微公共空间一体化城市设计中，应高度重视无障碍设计的全方位落实。设计时应实现无障碍设施的全范围应用和无障碍服务的全方位覆盖，形成设施齐备、功能完善、信息通畅、体验舒适的无障碍环境，充分满足老年人、儿童和残障人士等群体的活动需求，达到小微公共空间的全民共享、全龄友好，提高人民群众的获得感、幸福感和安全感。

在落实全龄友好无障碍设计的过程中，应完成无障碍建筑出入口、无障碍台阶、无障碍坡道、栏杆扶手、无障碍卫生间、无障碍座椅、无障碍机动车停车位、无障碍种植池、无障碍标识、无障碍照明、盲道的全方位建设，消除场地中给使用者造成不便或危险的障碍。

无障碍设计应符合《无障碍设计规范》GB 50763—2012、《北京无障碍城市设计导则》等相关标准和规范要求。

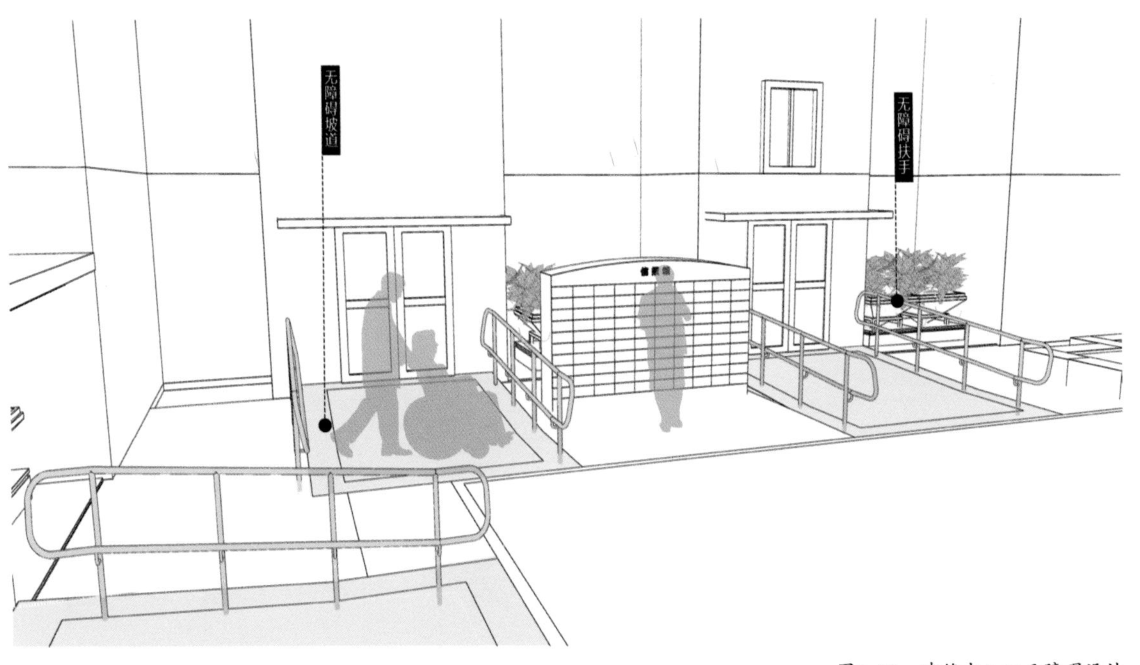

图5-38 建筑出入口无障碍设计

利用低效无用空间，进行坡道等无障碍设计。

图5-39　利用低效空间改造的坡道无障碍设计

设置相对独立的无障碍坡道，地面进行防滑处理，以保障老年人和儿童的安全出行。

图5-40　相对独立的无障碍坡道设计

栏杆扶手、建筑入户台阶全部采用无障碍设计，满足全龄友好需求。

图5-41　栏杆扶手

图5-42　台阶无障碍设计

6. 打造人文特色的公共艺术

城市小微公共空间中的公共艺术包括雕塑、壁画、艺术装置等。宜放置于小微公共空间中醒目位置或视觉轴线的位置，体量、高度、形式、色彩、材料等应与场地风貌和周边整体环境相协调。应能够表现地域文化特色，贴近百姓生活，强化场所特质，激发环境联想，增强百姓归属感与认同感。

图5-43　文化墙设计

打造以“淬炼”主题公共艺术雕塑为核心，以“三尖七刃”麻花钻为设计灵感，传承弘扬“同心同德、勤劳朴实、锐意进取”的群钻精神。

图5-44 “淬炼”主题公共艺术雕塑

Chapter 6

第六章

推广案例

Case Studies

东城区民安小区公共空间

西城区厂甸11号院公共空间

西城区玉桃园三区公共空间

西城区大乘巷教师宿舍公共空间

朝阳区惠新西街公共空间

海淀区牡丹园北里公共空间

丰台区朱家坟社区公共空间

石景山区老山东里北社区公共空间

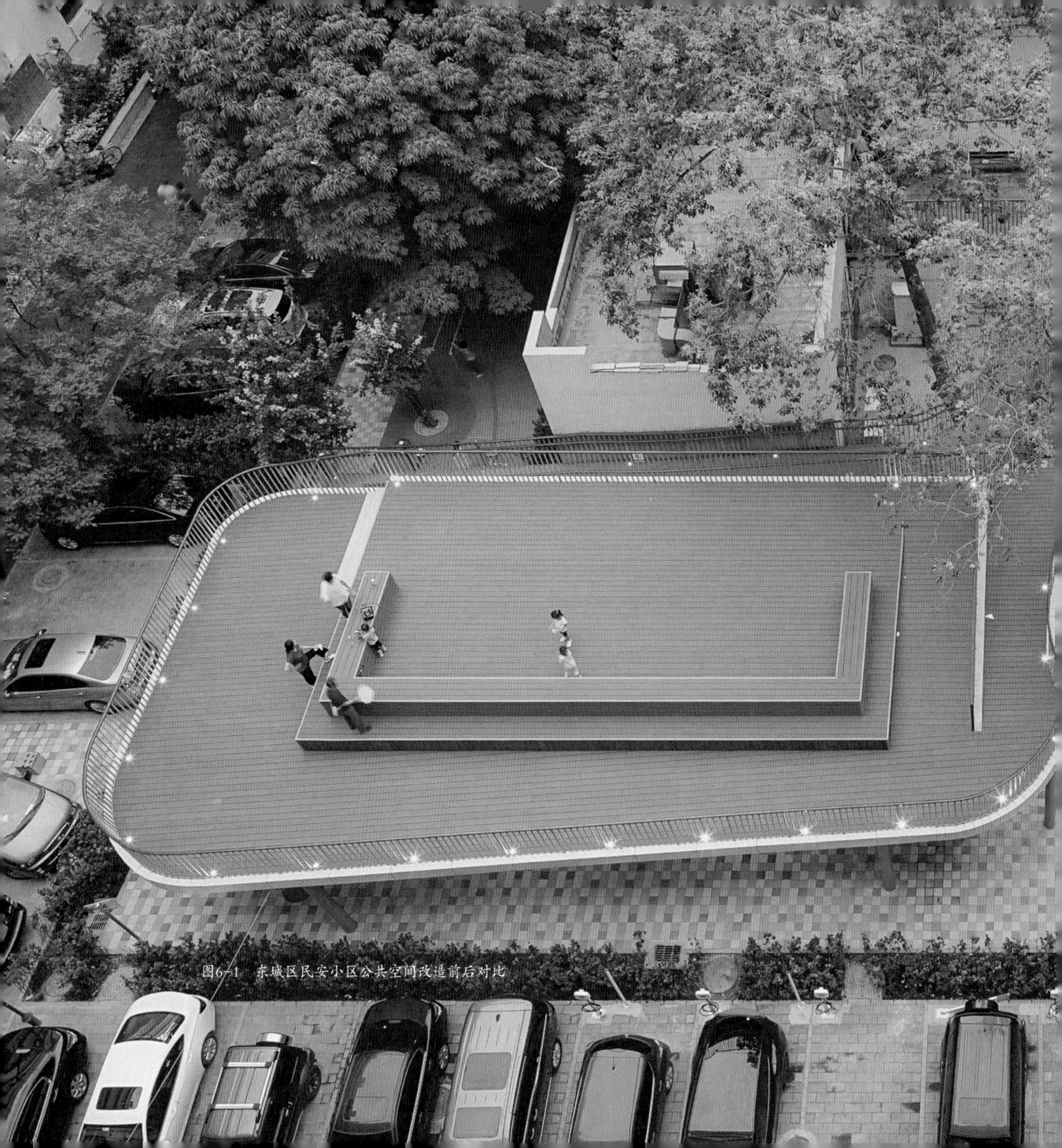

图6-1　东城区民安小区公共空间改造前后对比

图6-1　东城区民安小区公共空间改造前后对比（续）

东城区民安小区公共空间
Public Space of Min’an Community in Dongcheng District

1. 项目概况

公共空间场地位于东城区北新桥街道民安小区南区26号楼围合空间，距地铁2号线东直门站650米，公共交通便利。场地南侧邻近簋街商业区，西侧邻近中国华侨历史博物馆，东北方向紧邻南馆公园，区位条件优越。26号楼为2003年建成的回迁安置房，居住总户数为706户，常住人口2047人，其中老年人约占41%，老龄人口占比高于街道平均水平。小区内部空间由住宅建筑东西南三面围合而成，北侧是北新桥派出所南墙，空间整体呈“凹”字形，场地规模5831平方米。

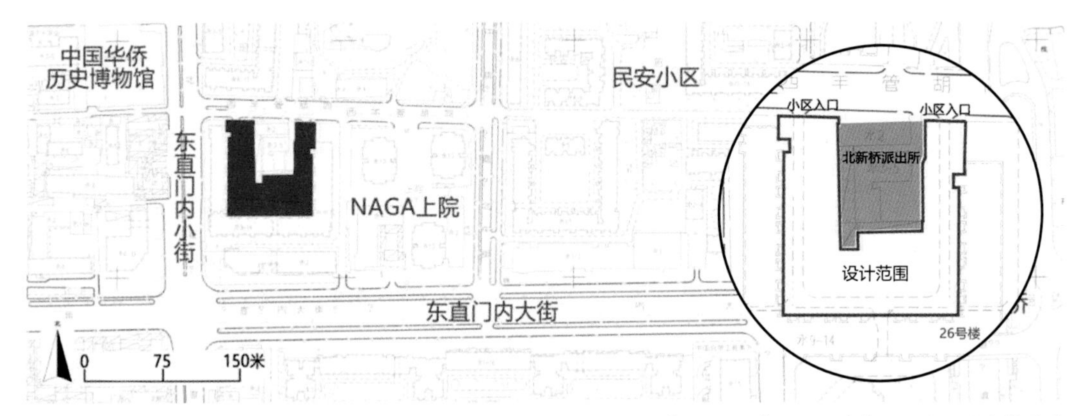

图6-2　民安小区公共空间区位及设计范围图

2. 场地问题

场地空间狭小、场地荒废、全年缺乏阳光：小区公共空间在去除车行道与停车位后，人均使用面积仅为1平方米左右，空间供给无法匹配人口规模；住宅建筑三面围合，狭小空间加剧了活动噪声对居民的影响，低楼层居民自发拆除原有座椅，导致场地中无落座空间，场地日渐荒废；三面围合的建筑布局还导致场地全年缺乏日照，不利于绿化维护，空间氛围极为消极。

车辆停放无序、人车争夺空间：现有停车位数量不足，乱停乱放现象严重；除原规划停车位外，部分居民将机动车停放于过道、人行道甚至消防通道、人防入口周边，不仅阻碍居民日常通行，还造成极大安全隐患；现状场地无非机动车停车位，自行车随意摆放，电动车无处充电等问题亟待解决。

场地不平整、障碍较多、安全隐患较大：场地内沟坎较多，人防入口、部分单元入口设有台阶，道路与场地中心有0.4米左右的混凝土路坎隔离，加之裸土路面不平整，导致居民不愿到院子中心活动，老人、儿童与残障人士使用均存在一定安全隐患。

垃圾收集脏乱无序、建筑垃圾随意堆放：现状垃圾收集设施简陋，生活垃圾随意堆放，居民不堪其扰；小区内无建筑垃圾收集点，装修垃圾频繁堆砌在空地中，使小区环境更加恶劣；小区内设施配套不足，存在快递箱、信报箱等设施使用率低等问题。

图6-3　民安小区公共空间改造前

3. 居民诉求

老人、儿童、残障人士出行便利安全的小区环境；阳光充足的开敞空间；可供多样活动、交流的休闲场所；充满活力、文化的景观空间；卫生整洁的垃圾收集点；集中有序的非机动车停放区。

4. 改造难点

居民对日照的诉求与场地条件的限制是最主要的突出矛盾，因此规划方案通过设计二层活动平台的方式重点解决了日照不足的问题。

5. 规划方案

方案通过高标准、高品质、功能复合、全面无障碍的休闲活动场地设计及实施，重塑社区邻里关系，打造“欢声笑语的院子”。在空间上，结合人防建筑屋顶，形成二层活动平台，开辟了充满阳光的、老少皆宜的休憩、娱乐空间；释放了一层空间，有效解决自行车乱停放和电动车集中充电问题，治理乱象的同时又消除了极大的安全隐患；按照空间一体化城市设计手段和方法，将碎片、凌乱、杂乱的消极空间进行一体化城市设计；以尊重地域特点，充分满足周边百姓需求为设计基础，以功能补短、空间使用精雕细刻、老人孩子优先、环境品质提升为重点，无障碍人性化设计贯彻全程，兼顾实施和成本；局部利用高差设置座椅、滑梯相结合的竖向节点，增加空间的趣味性与实用性。

6. 实施组织

东城区人民政府北新桥街道办事处为建设单位和项目主体，东城区政府作为项目组织实施的责任主体，由北京市政府固定资产投资466万元，其中工程费396万元，工程建设其他费57万元，预备费13万元，单位面积资金投入为799元/平方米，项目于2021年2月开工建设，2021年6月底完成竣工，工期总时长约5个月。

图6-4 民安小区公共空间改造后

图6-5　民安小区公共空间改造前后

西城区厂甸 11 号院公共空间
Public Space of No.11 Changdian in Xicheng District

1. 项目概况

场地位于西城区大栅栏街道，南新华街厂甸11号院。距北京天安门约1.1千米，距前门大街约1千米，距地铁2号线和平门站约0.4千米。厂甸11号院是大栅栏片区唯一的楼房住宅小区，原为电信局宿舍，建设于1984年，共有206户居民。小区内部空间由1号、2号住宅楼及北侧配套用房围合而成，场地规模3134平方米。场地北邻北京师范大学附属中学，南邻厂甸胡同及琉璃厂古文化街，西侧临南新华街，东侧临东北园胡同。

场地范围内现状建筑主要包含了停车棚、换热站和党支部活动室。进入场地主要通过西侧南新华街，机动车最远可至现状1号居民楼南侧，无法进入内院。现状有西门与东门两个入口大门，西门只能人行，东门可行驶老年代步车。

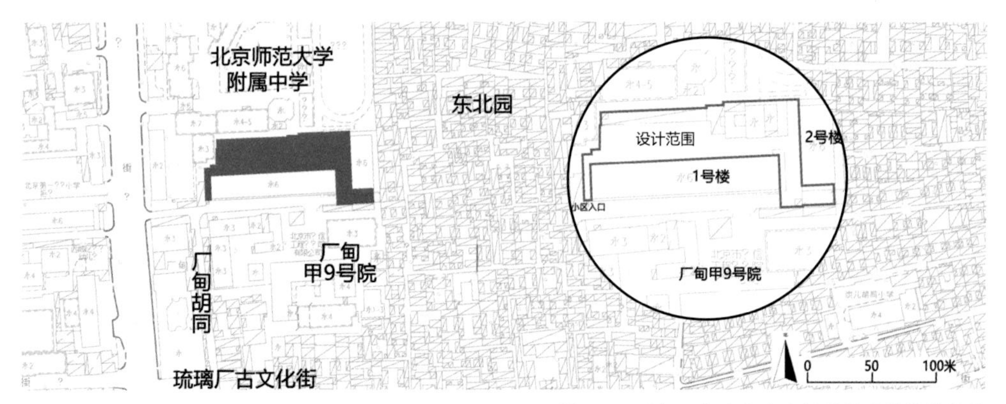

图6-6　厂甸11号院公共空间区位及设计范围图

2. 场地问题

非机动车停放混乱：场地内非机动车数量庞大，且场地内800平方米社区配套车棚被“僵尸”自行车占满，居民更愿意随意停放在路边方便位置，而非去远处车棚寻找空间。

杂物及建筑垃圾随意堆放：由于地处优质学区，房产交易呈候鸟式特征，常年存在新住户重新装修的问题，建筑垃圾的不合理堆放已呈常态化。

线缆横飞、杂乱，安全隐患极大：楼房建筑年代久远，线缆均走地面明线，杂乱无章，加之经年累月暴露，且多处于居民极易触碰的位置，安全隐患极大。

景观绿化未能提供宜人空间，严重缺乏供居民活动和交流的空间：院内绿化相对充足，但由于采用封闭式高花坛的形式，居民不可进入，未能提供供居民活动和交流的宜人空间，反而导致原本就比较局促的庭院显得更为拥挤，环境质量不佳。

配套建筑老旧、利用率低且大量闲置：配套建筑面积超过800平方米，除车棚以外几乎都处于半闲置状态；建筑建设年代久远，缺乏维护，外墙皮掉落严重，有安全隐患。

图6-7 厂甸11号院公共空间改造前

3. 居民诉求

适合不同季节活动的室内公共空间；规范非机动车停车并清除堆放垃圾；更换老旧管线设施，保证居民安全；连续、平整的步行系统；宜人、舒适的小区景观环境；可供老、青、少不同年龄段进行独立活动又相互联系的公共空间。

4. 改造难点

充分整合及激活社区内如自行车棚等低效利用的消极空间，重塑社区空间活力；打造面向未来的绿色生态的居民休憩活动场地和高品质公共空间。

5. 规划方案

实施方案将配套用房的消极空间激活，集中高效停放自行车，释放室内空间作为社区党群联系活动室，为老人留出能遮风避雨的室内娱乐空间，为社区孩子们开辟出能自习和阅读的学习空间。

通过清除废弃物腾出一定的独立、安全空间，为小孩专门辟出游戏场所；此外，将一部分零碎、杂乱空间进行整合，为居民养花、进行民间才艺创作提供展示和交流空间。通过拆除违法建设释放空间，适度增加居民日常日用品的售卖空间；将大花台拆除，保留院内所有树木，为老人创造出树荫下的休憩空间；通过人车分流，小区内形成有特色的慢行健身道，集中布局垃圾分类收集，划定固定电动车充电桩和停车位。

6. 实施组织

西城区人民政府大栅栏街道办事处为建设单位和项目主体，西城区政府为项目组织实施的责任主体，由北京市政府固定资产投资355万元，其中工程费298万元，工程建设其他费47万元，预备费10万元，单位面积资金投入为1133元/平方米。项目于2020年10月开工建设，2021年6月底完成竣工，工期总时长约9个月。

图6-8　厂甸11号院公共空间改造后

图6-9　厂甸11号院公共空间改造前后

三 西城区玉桃园三区公共空间
Public Space of Yutaoyuan District 3 in Xicheng District

1. 项目概况

玉桃园三区12号楼为20世纪90年代所建回迁房，改造场地规模3804平方米。场地周边建筑本体老旧，居住环境较差，院内空间狭小拥挤，停车空间缺乏，现状停车拥挤杂乱，百姓缺少可以活动的公共空间；小区南侧现有一处小花园，为民政局所有，现为银龄老年公寓花园。由于居民和民政局双方对于小花园边界权属界线存在争议，导致场地利用率低，空间环境杂乱。

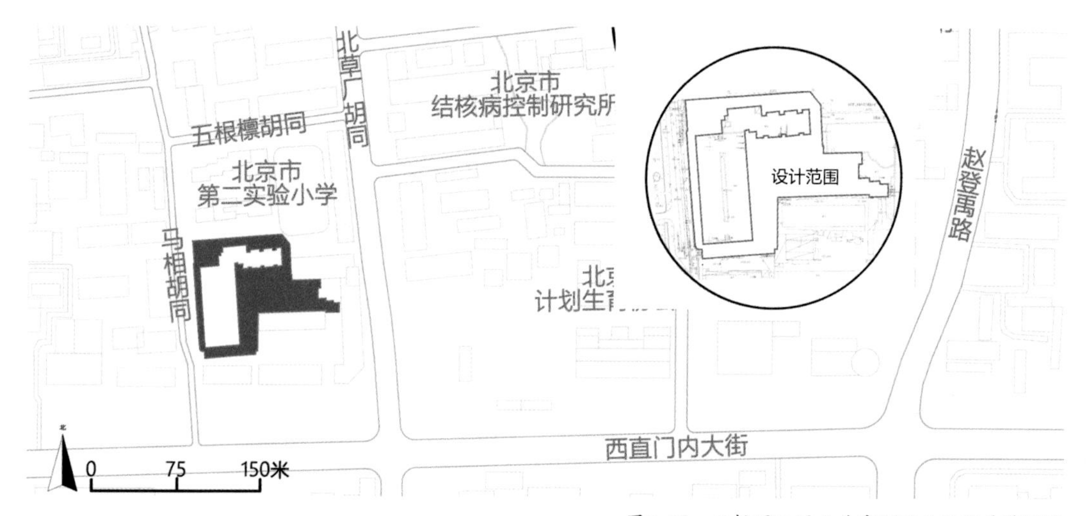

图6-10 玉桃园三区公共空间区位及设计范围图

2. 场地问题

场地属于典型废弃的“两不管，两不用”空间, 现状环境品质低下，社区居民与养老公寓老人之间矛盾尤其突出。

机动车、非机动车停放无序，侵占人行道现象严重，影响居民出行安全。

小区环境杂乱，现有绿地缺乏管护，杂草丛生，景观设施破旧。

小区内私搭乱建严重，私人侵占原本局促的公共空间，影响居民室外活动及出行，造成居民矛盾。

小区缺少配套生活服务设施，垃圾分类收集点简陋，院内大件垃圾乱堆乱放。

社区老龄化严重，单元出入口无障碍设施不完善，影响老年人和有需求人群出行。

图6-11　玉桃园三区公共空间改造前

3. 居民诉求

可正常使用的多样活动、交流的休闲场地；卫生整洁的生活垃圾、建筑垃圾收集点；高效、集中有序的机动车停放区；和谐的邻里关系。

图6-12　施工中化解矛盾推进项目实施

4. 改造难点

协调明确场地权属及使用权益，化解居民与养老公寓老人之间的矛盾；拆除小区违法建设，营造和谐共享的公共空间环境。因规划和实施的不同步，西城区玉桃园三区与银龄养老公寓之间边界的误解导致公寓的公共空间长期无法使用，进而变成荒地、废地和垃圾堆放地。通过设计改造既满足了小区居民的日常使用需求，也根据银龄公寓老人的活动特点创造了安全舒适的适老空间，真正实现通过空间治理让社会文明前进了一大步。

5. 规划方案

针对现状问题，实施方案提出以“共建、共享、共担”为核心理念，力求以设计为手段化解长久以来社区居民与公寓老人就公共空间使用日益激化的矛盾，营造和谐共享的“融乐家园”。方案梳理“L形”停车空间，高效有序布置停车位；增设宣传栏、快递柜、自行车棚、电动车充电棚等便民设施，满足社区居民生活需求。同时，在保留现有乔灌木的基础上，设计形成“一环四区”公共空间结构布局：一环即沿场地布置环形健康步道；四区则由儿童游乐区、健身器材区、康复活动区和休闲花园区构成，为社区居民及老年公寓老人提供高质舒适的集休闲娱乐、沟通交流、康复健身等多功能于一体的公共空间，增进沟通交流，促进邻里和谐。

6. 实施组织

西城区人民政府新街口街道办事处为建设单位和项目主体，西城区政府作为项目组织实施的责任主体，由新街口街道固定资产投资437.4万元，其中庭院工程费218.6万元，园林绿化工程费218.8万元，单位面积资金投入为1150元/平方米。项目于2021年3月开工建设，2021年6月底完成竣工，工期总时长约4个月。

图6-13　玉桃园三区公共空间改造后

图6-14　玉桃园三区公共空间改造前后

四 西城区大乘巷教师宿舍公共空间
Public Space of Dachan Lane Teachers' Dormitory in Xicheng District

1. 项目概况

大乘巷教师宿舍位于北京市西城区新街口街道小乘巷胡同2号院，小区东临赵登禹路，西临西二环，南临平安里西大街，四周环绕居住小区。小区建成于20世纪80年代，内有居民楼2幢，居民400户，改造场地规模3294平方米。

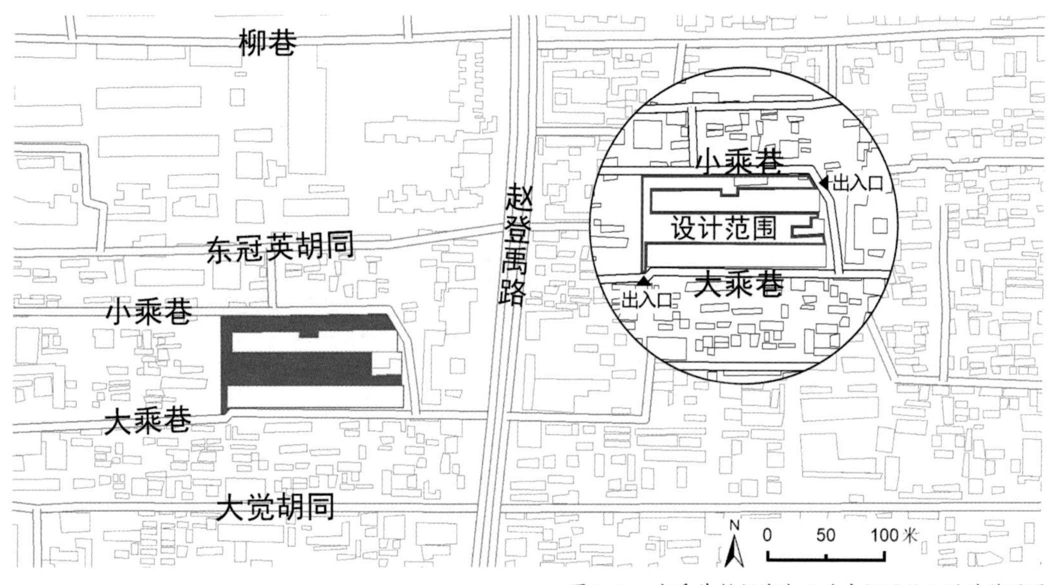

图6-15 大乘巷教师宿舍公共空间区位及设计范围图

2. 场地问题

场地属于典型消极空间，公共空间活力低下，环境品质较差，基础设施不完善，亟待改造与提升；空间功能缺失严重，极度缺乏居民娱乐与活动空间；非机动车棚破败，“僵尸车”占用空间现象严重，导致小区内非机动车乱停乱放问题突出；建筑垃圾随意堆放，长期干扰居民正常生活；电动车私拉电线现象突出，存在较大安全隐患；场地存在多处高差，缺乏人性化设计。

图6-16　大乘巷教师宿舍公共空间改造前

3. 居民诉求

多样性、可休闲活动的室内活动场所；适合不同年龄段人群的、宜人的无障碍室外环境；安全可用的非机动车停车棚；便捷、实用的垃圾收集点、快递柜、公告栏等便民服务设施。

4. 改造难点

补足设施短板，统筹室内、室外空间一体化设计，为居民提供多样化健身、休憩、活动空间。

5. 规划方案

实施方案通过现代、时尚、简约的设计手法有效应对场地问题，增设电子公告栏、快递柜、垃圾驿站等便民设施，改造破旧车棚及封闭的党建小屋，植入“儿童家具”等公共艺术，实现无障碍设施全覆盖，打造形成高品质、高活力的全龄友好型社区公共空间。

6. 实施组织

西城区人民政府新街口街道办事处为建设单位和项目主体，西城区政府作为项目组织实施的责任主体，由新街口街道固定资产投资315.7万元，其中土建工程费198.7万元，园林绿化工程费117万元，单位面积资金投入为958元/平方米。项目于2021年5月开工建设，2021年6月底完成竣工，工期总时长约2个月。

图6-17　大乘巷教师宿舍公共空间改造后

图6-18　大乘巷教师宿舍公共空间改造前后

五 朝阳区惠新西街公共空间
Public Space of Huixin West Street in Chaoyang District

1. 项目概况

公共空间位于朝阳区小关街道惠新西街北段东侧，惠新西街东侧地铁5号线C口与惠新西街6号楼~10号楼之间地块，场地规模1920平方米。地块原为地铁建设同步代征停车场用地，因历史原因未投入实际使用。旁边是建于1990年的惠新西街小区，原为构件厂，共4栋居民楼576户居民。用地属于城市剩余空间，东侧设置围墙与住宅区隔离，西侧面向城市开口，是城市主干路与住宅小区之间的开敞空间。

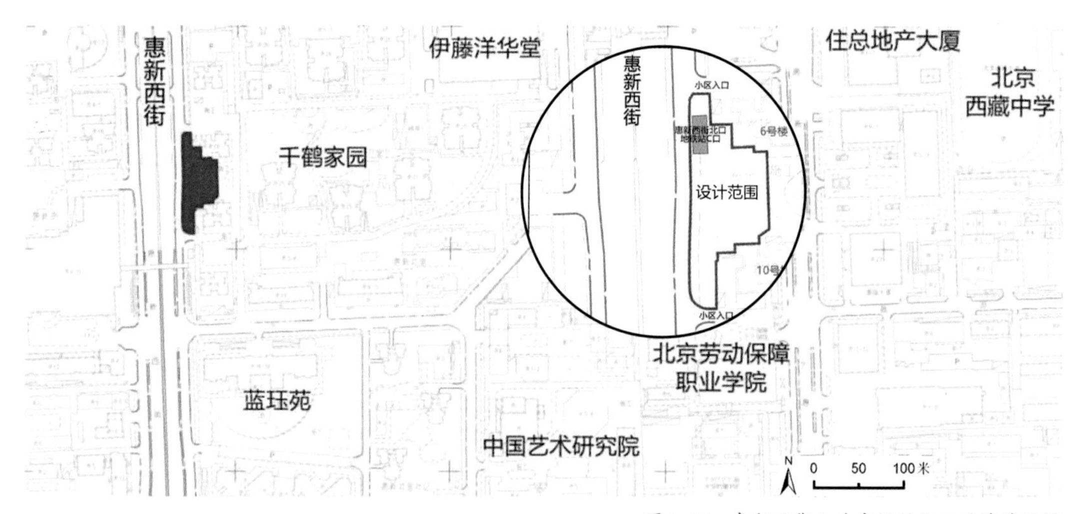

图6-19 惠新西街公共空间区位及设计范围图

2. 场地问题

场地处于无人管理的弃置状态，杂草丛生，树木种植无规划，大面积土地裸露用绿网苫盖。紧邻小区的墙面老旧斑驳，临街的铁艺护栏锈迹斑斑。场地内长期堆放垃圾，脏乱差的环境严重影响周边居民日常生活。

北侧的地铁出入口占据人行道，步行交通不畅，导致早晚高峰人流在狭小空间聚集，存在一定安全隐患。地铁出入口、桥下停车场出入口与社区出入口太近，没有缓冲空间。南侧5条线路的公交车停泊站没有港湾，交通局部拥堵。

小区居民常住人口以构件厂职工为主，周边空间没有历史记忆遗留，文化传承严重缺失。

图6-20　惠新西街公共空间改造前

3. 居民诉求

方便小区出入管理，保持小区居住环境的安全有序。提供休闲活动场所，满足居民散步、儿童玩耍等诉求。靠近住宅楼的位置应设置一定绿化作为隔离，尽量不产生喧闹的噪声，避免影响居民生活，同时维护楼栋居民的隐私安全。优化地段交通组织，方便地铁人流疏散。保护场地绿植，塑造优美生态环境，提供高品质的城市公共空间，展示在地文化，标识和传承场所历史记忆。

4. 改造难点

由于场地是位于小区外部的城市开放空间且紧邻居民楼，地铁口周边人流量较大，改造的主要矛盾是空间的使用会对居民的日常生活产生包括噪声、安全性、隐私等方面的影响。

5. 规划方案

方案结合周边公共交通一体化设计，分析不同时段人流特征，优化场所动静态交通，缓解人流聚集风险；植入“哈哈镜”公共艺术，提升场所人气活力，最大限度地提高空间场所利用效率；设计下沉微空间，借鉴海绵城市理念，与无障碍坡道相结合，打造休闲娱乐趣味场所；挖掘历史文脉，尊重地域原住民以构件厂职工为主的特点，采用混凝土元素为文化标记并贯穿于城市家具与小品设计，加强地域文化传承。

6. 实施组织

朝阳区人民政府小关街道办事处为建设单位和项目主体，朝阳区政府作为项目组织实施的责任主体，由北京市政府固定资产投资506万元，其中工程费427万元，工程建设其他费65万元，预备费14万元，单位面积资金投入为2635元/平方米，项目于2021年2月开工建设，2021年6月底完成竣工，工期总时长约5个月。

图6-21　惠新西街公共空间改造后

图6-22 惠新西街公共空间改造前后

六 海淀区牡丹园北里公共空间
Public Space of Mudanyuan Beili in Haidian District

1. 项目概况

公共空间位于海淀区花园路街道牡丹园北里1号楼和2号楼之间，由住宅楼和东、西两侧的小区围墙（围栏）围合而成，南侧为小区通行道路，属于城市消极空间。场地规模4657平方米，其中包括800平方米的拆违暴露闲置地。周边为海淀区牡丹园东里小区，由四个小区合并而成，占地面积9公顷，包括18栋塔楼板楼、2100户居民，为典型的高密度老旧小区，距地铁10号线德胜门站700米。

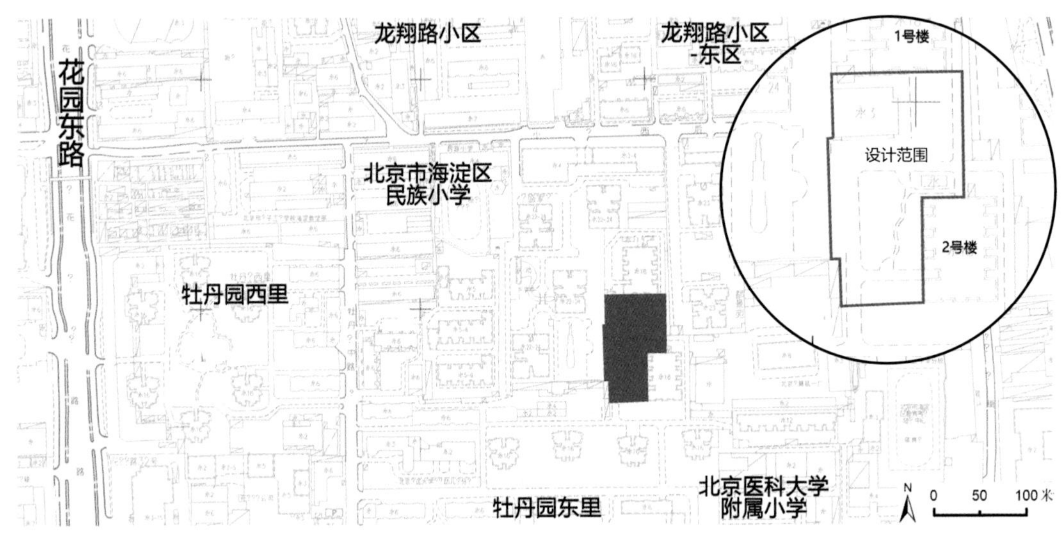

图6-23 牡丹园北里公共空间区位及设计范围图

2. 场地问题

违建拆除后土石裸露、钢筋暴露，消防车道未恢复，严重影响居民活动。

机动车属于自由停放状态，居民出行极其不便，也给老人与儿童活动带来安全隐患。

现状3个车棚破旧不堪、结构老化，无法满足居民停车需求，导致非机动车乱停乱放现象严重，挤占人行通道及活动空间。

绿地布置分散不成体系且品质低下，缺少无障碍设施等适老适幼设施，居民日常休闲游憩需求难以满足。

图6-24　牡丹园北里公共空间改造前

3. 居民诉求

整理裸露场地，补充活动休憩空间；恢复消防通道，解决消防隐患；合理满足停车需求，人行车行各得其所；配置安静闲适、宜居适老的多样性休闲活动区；提供集中有序的非机动车棚；营造具有社区特色的文化活动空间。

4. 改造难点

不同居民诉求之间最主要的矛盾是场地改造利用的方式，有的居民倾向于主要改造成规范的停车场解决停车不足的问题，有的居民倾向于主要改造成公共休闲空间，满足日常休闲活动的需求。

5. 规划方案

实施方案梳理现状车辆和已有车位，在满足现状车辆停车需求的前提下，集中、高效布置机动车和非机动车停车区域，适度增加停车数量；将违法建设释放的空间，设计成满足老人、儿童休憩和活动的娱乐空间；将分散的、低效的绿地进行整合，在保留原有树木的前提下，进行场地景观设计，突出牡丹园的地名特征。

6. 实施组织

海淀区人民政府花园路街道办事处为建设单位和项目主体，海淀区政府作为项目组织实施的责任主体，由北京市政府固定资产投资426万元，其中工程费352万元，工程建设其他费61万元，预备费13万元，单位面积资金投入为915元/平方米，项目于2021年1月开工建设，2021年5月底完成竣工，工期总时长约5个月。

图6-25 牡丹园北里公共空间改造后

图6-26　牡丹园北里公共空间改造前后

七 丰台区朱家坟社区公共空间
Public Space of Zhujiafen Community in Fengtai District

1. 项目概况

公共空间场地位于丰台区长辛店街道朱家坟社区中心地区，属于北方车辆集团家属宿舍区，紧邻云岗路、蟒牛河，由南、北两处地块组成，面积共计1368平方米，涉及居民600余户。

其中，南侧地块场地规模598平方米，为朱家坟四里东侧的边角地，长期被违法建设占用，后因违法建设被拆除而长期处于闲置状态；场地为社区内部人流最为密集地段，内有一处新建社区公共卫生间。北侧地块，场地规模770平方米，为朱家坟三里、云岗路与小清河之间的三角地，原是堆放废弃建筑材料的剩余空间，被围挡围起处于闲置状态；场地与周边存在竖向高差，内部市政电缆和设施错综复杂。

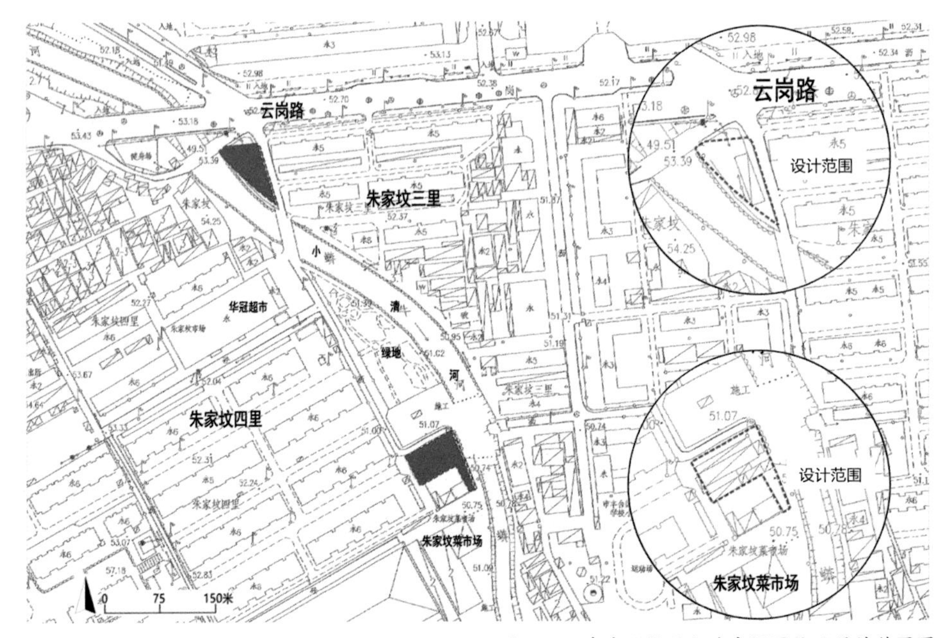

图6-27 朱家坟社区公共空间区位及设计范围图

2. 场地问题

北侧场地属于城市剩余空间，同时因内部市政设施错综复杂，居民无法进入活动；另外，缺少老兵工地域文化传承，宝贵精神财富亟待呈现。

南侧地块属于城市边角地，空间消极杂乱，缺乏与周边环境统筹集约有效利用；各类废弃物、杂物堆放占用空间现象严重，加剧环境恶化。

图6-28　朱家坟社区公共空间改造前

3. 居民诉求

营造老人、儿童、残疾人出行便利的小区环境；打造阳光充足的公共环境；提高地区景观绿化品质；增加健身设施、儿童游乐设施。

4. 改造难点

老兵工地域文化体现与社区功能短板补充。

5. 规划方案

实施方案通过挖掘区域历史发展印记，彰显和传承北方车辆厂新中国成立以来七十余年发展史，弘扬中华人民共和国成立后我国工业靠自主创新和艰苦奋斗的群钻精神一步步发展、进步，走向辉煌。北侧地块定位为文化展示窗口，以北方车辆厂精神象征——“钻头”的艺术化设计，打造最富兵工文化和军工拼搏精神的城市地标；通过市政电缆与设施入地，以及大地艺术地形与新材料的综合运用，打造宜人的高品质滨河公共空间。

南侧地块，完善场地内的功能服务设施，通过多样化的活动场所和复合型的功能设施，满足不同人群的使用需求，让居民们“动”起来，营造健康活力的社区氛围；针对儿童群体设计多功能游乐场地，设置涂鸦墙、趣味秋千、游戏攀爬设施，为儿童提供可以学习娱乐且安全可靠的户外活动场所。

以北方车辆厂（国营第六一八厂）老兵工精神、群钻精神为切入点，打造“三尖七刃”麻花钻的雕塑设计，彰显兵工文化自主创新和艰苦奋斗的精神内涵。在全国城市雕塑建设指导委员会（简称“全国城雕委”）的指导下，在北方车辆厂领导、职工和社区居民的支持下，由知名雕塑艺术家进行方案创作，基于自主设计的独特工业零件、传统榫卯和现代拼插的创作方法，传承弘扬“同心同德、勤劳朴实、锐意进取”的群钻精神。经过多轮专家研讨和修改后最终确定“淬炼”设计方案，以此作为地域文化的展示窗口，打造最富兵工文化的城市地标和军工拼搏精神纪念地。

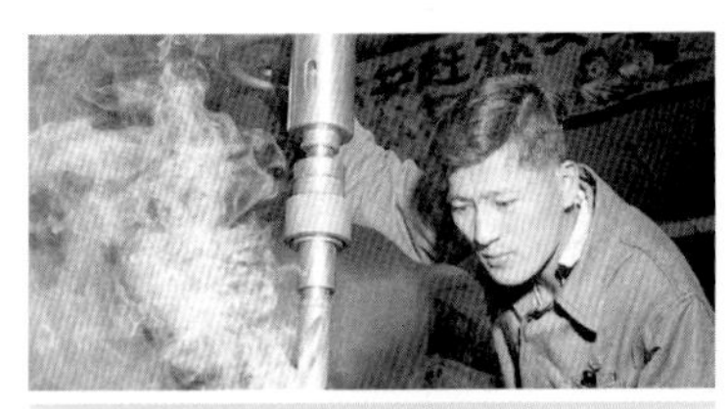

图6-29 倪志福和“三尖七刃”群钻

图6-30 全国城雕委领导和专家研讨雕塑设计方案

6. 实施组织

丰台区人民政府长辛店路街道办事处为建设单位和项目主体，丰台区政府作为项目组织实施的责任主体，由北京市政府固定资产投资406万元，其中工程费247万元，工程建设其他费35万元，预备费8万元，公共艺术品工程费116万元，单位面积资金投入为2968元/平方米。项目于2021年2月开工建设，2021年6月底完成竣工，工期总时长约5个月。

图6-31　朱家坟社区公共空间改造后与改造前的对比

八 石景山区老山东里北社区公共空间
Public Space of Laoshan Dongli North Community in Shijingshan District

1. 项目概况

公共空间场地位于石景山区老山街道老山东里北社区核心位置首钢职工住宅区内，东至老山街道东里北社区44号楼，西至老山街道东里北社区47号楼，北至现状绿化用地，南至首钢实验幼儿园。距地铁1号线八宝山站1500米，距八角游乐园站1100米。

此用地属于城市半消极空间，周边道路施划停车位，同时存在机动车占用人行道停放的情况，造成场地周边人车混行；东北侧有一处小区地下车库入口。项目涉及居民户数1600户，场地规模3033平方米。

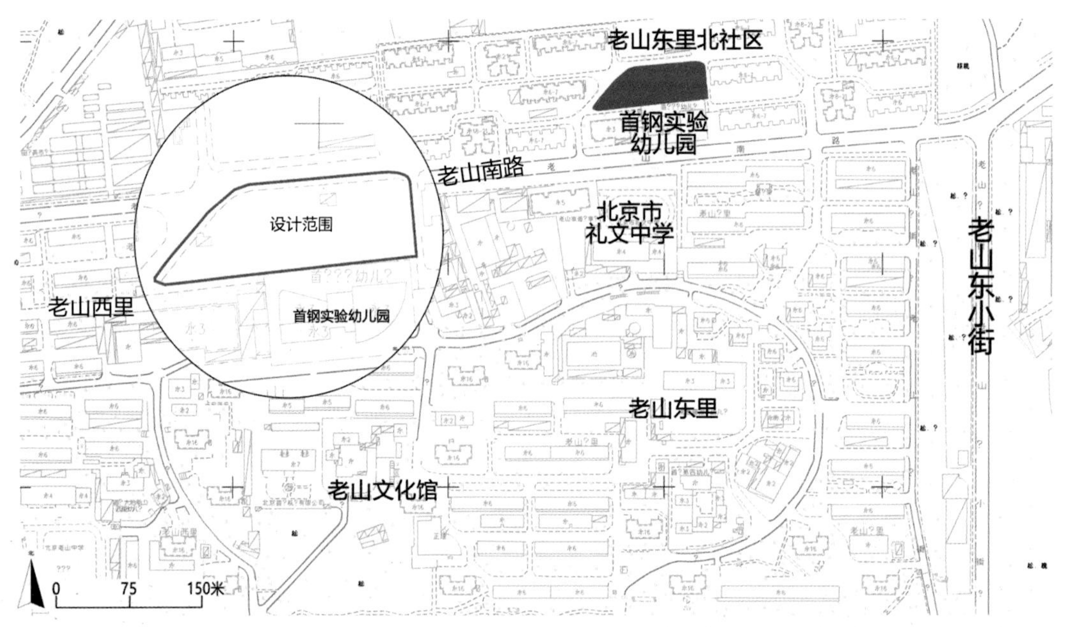

图6-32　老山东里北社区公共空间区位及设计范围图

2. 场地问题

场地现状历史文化缺失现象显著，景观单一，功能与品质亟待提升。

与周边道路存在高差，但是台阶等设施未进行防滑设计以及无障碍设计，老人与儿童使用极度不便，存在一定安全隐患。

现状供居民休息与交往的空间较少，针对老年人及儿童的活动设施缺乏。

图6-33　老山东里北社区公共空间改造前

3. 居民诉求

关注老人、儿童、残障人士出行便利安全的小区环境；能在设计中更多展示首钢文化；希望能提供老人使用的棋牌活动区、孩子和朋友玩耍的空间；考虑老人以及儿童活动交往的特殊需求，要保证老人与儿童活动设施的安全；功能要以方便居民使用为出发点，不打扰周边居民休息。

4. 改造难点

首钢文化的植入与体现；新建与已有景观的有机融合；儿童活动区的特色展现。

5. 规划方案

实施方案深度挖掘首钢文化，用设计表达文化记忆，提炼首钢炼钢所涉及的“出渣造渣”等环节内涵，创造儿童攀爬体验、平衡体验等活动装置，并设置文化体验设施；打造健身步道并以此串联以活动和文化体验设施为核心的功能空间，使儿童在玩耍中学习炼钢知识，使居民在健身行走和文化体验中唤起首钢记忆；利用场地西北高东南低的地形特点，设置景观廊架，并借此形成圆形广场，丰富空间层次，满足社区临时性活动需求；场地以红色为主要色彩，隐喻红色炼钢文化，以曲线作为空间组织元素，体现设计的现代感和空间的流动性。

6. 实施组织

石景山区人民政府老山街道办事处为建设单位和项目主体，石景山区政府作为项目组织实施的责任主体，由北京市政府固定资产投资407万元，其中工程费348万元，工程建设其他费47万元，预备费12万元，单位面积资金投入为1342元/平方米。项目于2020年10月开工建设，2021年6月底完成竣工，工期总时长约9个月。

图6-34　老山东里北社区公共空间改造后

图6-35　老山东里北社区公共空间改造前后

99

Chapter 7

第七章

实施成效

Implementation Results

小投入 大收获

微改造 广惠及

低成本 高收益

小空间 大生活

一 小投入 大收获
Small Investment and Big Gain

2019年底，市规划自然资源委联合市发展改革委、市城市管理委和北京建筑大学，发起了“小空间 大生活——百姓身边微空间改造行动计划”，在城六区选择了八个试点项目打造样板，经过一年多的设计、施工、建设，2021年6月全部竣工交付居民使用。项目聚焦群众身边需求和改造意愿强烈的边角地、畸零地、废弃地、垃圾丢弃堆放地、裸露荒地等消极空间近2.69万平方米，一揽子解决影响百姓日常生活宜居度的揪心事、烦心事，真正使百姓的美好幸福生活得益于小微公共空间改造提升，显著提高幸福指数，收获百姓满意口碑。

图7-1 “小空间 大生活——党群共建欢乐之家”启动仪式

二 微改造 广惠及
Micro Transformation Benefits a Wide Range

“行动计划”以问题为导向，注重空间统筹、“一老一小”、社区建设、文化传承、多元参与，通过对社区配套设施、景观环境、无障碍设施、公共艺术、城市家具等进行一体化城市设计，实现小微公共空间高效利用，解决公共设施缺乏、场地安全隐患大、人车混行、停车无序、环境脏乱差等问题。据不完全统计，“行动计划”八个示范改造项目共使四千七百余户、一万三千七百余人直接收益，更辐射周边楼房、平房达二万一千余户，惠及相关社区六万余人。

三 低成本 高收益
Low Cost and High Income

“行动计划”每个项目投资300万~500万元不等，改造面积1500~5000平方米，平均花费单位面积改造费用仅约1200元，以小投入实现大收获，在资金投入上发挥财政资金四两拨千斤的引导撬动作用。不仅项目投入成本低，更重要的是通过环境品质提升，激发了社区居民热爱社区、主动参与建设社区的内在热忱和愿望。

同时，物业签约率由20%提高到90%，且部分社区引入了较好品质的物业，很多居民表示愿意承担与所享受品质服务相适应的物业等费用，打破了“物业管理和公共服务不足或缺失—物业费用缴纳率较低—社区环境维护改造缺乏投资”等类似的不良循环，带动优质服务企业和社会资金进入老旧小区，保障了社区服务的良性运营和持续发展。

四 小空间 大生活
Small Space and Rich Life

百姓事无小事，“行动计划”紧紧抓住人民最关心、最直接、最现实的利益问题，立志追求细节，无微不至地解决群众身边“急难愁盼”的关键小事。通过惠民生、暖民心的举措，倾心改造微空间，为居民室内外活动营造安全舒适、富有活力的空间，提高了公共服务水平和人民生活品质，满足了居民精神文化方面的需求，为促进基层党建、社区自治、物业管理提供平台，为引入社会资本等多元资金参与社区更新改造探索了新路径。将社会治理和城市更新完美结合，真正将居民家门口的小微公共空间变成有颜值、有温度、有乡愁的一方乐园。

图7-2　东城区民安小区公共空间改造后的平台

附录
Appendix

“小空间 大生活——百姓身边微空间改造行动计划”
参与单位及指导专家

主办单位	北京市规划和自然资源委员会 北京市发展和改革委员会 北京市城市管理委员会 北京建筑大学
承办单位	北京建筑大学未来城市设计高精尖创新中心 北京城市规划学会
实施主体	东城区北新桥街道办事处 西城区大栅栏街道办事处 西城区新街口街道办事处 朝阳区小关街道办事处 海淀区花园路街道办事处 丰台区长辛店街道办事处 石景山区老山街道办事处
设计单位	深圳市城市规划设计研究院有限公司 北京北建大建筑设计研究院有限公司 城印国际城市规划与设计（北京）有限公司 北京汉通建筑规划设计有限公司 北京别处空间建筑设计事务所（普通合伙） 中国中建设计研究院有限公司 北京天相文化艺术有限公司 中央美术学院城市设计学院

续表

施工单位	江苏中益建设集团有限公司 北京兴宏泰建筑工程有限公司 中昌泰（北京）建设集团有限公司 中能工建设集团有限公司 北京绿美园林工程有限责任公司 中开创建（北京）国际工程技术有限公司 北京五环清馨园林绿化有限公司
项目实施指导专家	吕世明　中国残联副主席 施卫良　北京市规划和自然资源委员会副主任 邱　跃　北京城市规划学会理事长 吕　斌　北京大学城市规划设计中心主任 薛　峰　中国中建设计研究院有限公司总建筑师
责任规划师	熊　文　北京工业大学 唐　燕　清华大学 施　展　海淀街镇全职责任规划师 路　林　北京市城市规划设计研究院 闫　照　北京清华同衡规划设计研究院有限公司 徐　健　北京清华同衡规划设计研究院有限公司 谭　涛　北京清华同衡规划设计研究院有限公司

后记
Postscript

2019年底，市规划自然资源委联合市发展改革委、市城市管理委、北京建筑大学，发起“小空间 大生活——百姓身边微空间改造行动计划”，选择东城区民安小区等8个试点项目打造样板，并于2021年6月竣工交付使用。“行动计划”聚焦群众身边需求和改造意愿强烈的边角地、畸零地、废弃地、垃圾丢弃堆放地、裸露荒地等消极空间2.69万平方米，以小投入实现大收获，切实解决影响百姓日常生活宜居度的揪心事、烦心事，真正使百姓的美好幸福生活得益于小微公共空间改造提升，显著提高幸福指数，收获百姓满意口碑。

“行动计划”以人民需求为出发点，各项目通过对社区配套设施、景观环境、无障碍设施、公共艺术、城市家具等进行一体化、精细化城市设计，实现小微公共空间高效利用，统筹解决社区公共设施缺乏、场地安全隐患大、人车混行、停车无序、环境脏乱差等“急难愁盼”问题，显著改善和提升百姓生活环境品质，为居民室内外活动营造安全舒适、富有活力的空间，为促进基层党建、社区自治提供平台，重塑场所精神，增进邻里关系，将居民家门口的小微公共空间变成有颜值、有温度、有乡愁的一方乐园。

“行动计划”的各试点项目对选址确定、征集方案、公众参与、实施方案、集资融资、招标投标、施工过程进行全程跟踪服务，在施工现场不断发现问题、解决问题的过程中，获得最直接的第一手资料和经验，形成了一套完整的城市公共空间改造提升的方法和路径，已在北京市公共空间整治多个项目中得到成功运用，并被纳入住房城乡建设部无障碍环境建设优秀典型案例，方案设计、设施建设等方面的经验正在向全国推广。